21 WICHTIGE LEKTIONEN

2. Teil

A RELENTLESS QUEST FOR TRUTH

Ascended Master Teaching Foundation

Mount Shasta, CA 96067

ISBN 0-939051-45-1

VORWORT

Die „Ascended Master Teaching Foundation" hat das Ziel, potentiellen Schülern die ursprüngliche Lehre der Großen Weißen Bruderschaft nahezubringen.

Die durch die autorisierte Sendbotin Geraldine Innocente empfangenen Lehren der Aufgestiegenen Meister umfassen einen weiten Bogen von Themen; sie zeichnen sich durch genaue, ausführliche, aber einfach geschriebene Angaben auf vielen Gebieten aus. Jedes Thema wird methodisch, gründlich und im Einzelnen voll behandelt

Diese Lektionen geben Anfängern wie auch Fortgeschrittenen einen Überblick über die wichtigsten Aspekte der Lehre. Sie wurden so abgefaßt, daß Einzelne und auch Leiter von Gruppen dieses Wissen auf einer systematischen Schritt für Schritt Basis lernen und auch lehren können.

Der 2. Teil dieser Serie behandelt die Gott-Tugenden der Sieben Strahlen. Diese Kenntnisse sind notwendig um die Meisterschaft über Energie und Schwingung zu erreichen.

Das Buch enthält Ansprachen der zu jedem Strahl zugehörigen Aufgestiegenen Wesen und wie man sich mit ihnen einstimmen und ihre besondere Strahlung erhalten kann. Auch wird im Einzelnen beschrieben wie man Gruppentreffen abhalten kann.

Wir sind den Übersetzern sehr dankbar, welche auf ehrenamtlicher Basis dienten und welche diese Auflage ermöglichten.

Es freut uns sehr, der Leserschaft dieses Buch nun in deutscher Sprache präsentieren zu können.

Ascended Master Teaching Foundation

INHALTSVERZEICHNIS, 2.Teil

Lektion 8

DER ERSTE STRAHL

FEIERLICHES ENTZÜNDEN DER KERZEN (Altardienst)

Nach Begrüßung der Teilnehmer durch den Gruppenleiter und begleitet von passender Musik, wie z. B. „Bells of the Meadows", spricht der Akoluth (Altardiener) oder Gruppenleiter die folgende Invokation:

SEI GEGRÜSST, Du All-erfüllendes, All-durchdringendes Licht des Universums, Du Urquell des Lebens, „I AM." Indem wir jetzt diese drei Flammen entzünden als Symbol für die dreifältige Aktivität des Lebens, verneigen wir uns vor dem Licht des Lebens:

Den Vater (die blaue Kerze entzünden),
Den Sohn (die goldene / gelbe Kerze entzünden),
Und den Heiligen Geist (die rosa Kerze entzünden).

Geliebte I AM Gegenwart, komme nun und übernimm Deine rechtmäßige Autorität über die vier niederen Körper aller Deiner Kinder und zeige uns, wie wir in Demut und Ehrfurcht die vollkommen harmonische Aktivität von Liebe, Weisheit und Macht, die du bist, in unserem Leben verwirklichen können.

Hilf uns, vollkommene Harmonie, Gesundheit und Wohlstand zu erreichen und aufrecht zu erhalten. Laßt den göttlichen Plan durch jedes Lebewesen, das diesem Planeten angehört, verwirklicht werden.

Oh Erhabenes Höchstes Licht, wir erkennen Dich an in allem Leben und unser innigster Dank gilt Dir, den glorreichen Kosmischen und Aufgestiegenen Wesen, sowie den herrlichen Engelscharen. Während wir unsere Anrufungen vorbringen, bitten wir Euch, die Energien zu verstärken,

welche wir in dieser Zusammenkunft freisetzen, und mögen dieses Licht und die Lehren der Großen Weißen Bruderschaft sich immer weiter ausbreiten, beständig die Grenzen Deines Königreiches ausdehnend, in Erfüllung Deines Willens, „I AM"!

(kleine Pause)

INVOKATION (die Gruppe steht)

Gruppenleiter: Geliebte mächtige siegreiche Gott-Gegenwart, Du Urquell, der Du in jedem unserer Herzen verankert bist, wir lieben und verehren Dich. Wir erkennen Dich an als den Ursprung und Geber allen Lebens – unserem Leben, unserer Intelligenz und unserer körperlichen Substanz!

Wir rufen Euch an, geliebter Erzengel Michael, Erzengel Uriel und alle Aufgestiegenen Wesen des Ersten Strahls, insbesondere Elohim Herkules und den Aufgestiegenen Meister El Morya.

Während unsere tiefste Liebe und Dankbarkeit zu der Schar der Aufgestiegenen Lichtwesen strömt, die uns dieses Wissen gaben, laßt die Blaue Flamme des Göttlichen Willens durch und um uns lodern und für immer aufrechterhalten bleiben.

Hüllt uns ein in das Licht, die Liebe und die Kraft des siegreichen Vollbringens. Schützt und behütet uns, führt und leitet uns und helft uns, die Erleuchtung durch Wahrheit zu finden, die uns frei macht!

ÜBERBLICK ÜBER DIE LEKTION

Diese Lektion befaßt sich mit den göttlich-schöpferischen Kräften des Ersten Strahls – dem göttlichen Willen in Aktion. Andere Eigenschaften dieses Strahls sind Macht, Schutz, Glaube und Hoffnung. Hohe Regierungsbeamte, und Geschäftsführer gehören oft diesem Strahl an. Die Farbe des Ersten Strahls ist königsblau, seine Hauptrepräsentanten sind: Erzengel Michael, Elohim Herkules und der Aufgestiegene Meister El Morya (Chohan des Strahls).

Bevor ihr mit dieser Lektion beginnt, wird empfohlen, die Bilder von Erzengel Michael und El Morya zu betrachten und um das angesammelte Momentum ihrer Meisterschaft über Energie und Schwingung zu bitten.

DER ERSTE STRAHL

Insgesamt gibt es ungefähr 10 Milliarden Menschen, für die die Erde Heimat- und Schulungsplanet ist. Jeder Einzelne dieser Milliarden Menschen gehört einem der Sieben Strahlen an. Das bedeutet, daß sie eine Neigung zu den besonderen Merkmalen, Talenten und Attributen haben, die von einem dieser sieben Hauptbereiche repräsentiert werden. Da sie ein Momentum in diesem Bereich aufgebaut haben, fühlen sie sich glücklich und wohl, wenn sie von Personen und Schwingungen umgeben sind, die ihren eigenen ähnlich sind.

Menschen, die dem Ersten Strahl angehören, sind normalerweise leichter zu erkennen als Angehörige anderer Strahlen. Sie zeichnen sich gewöhnlich durch fast unerschöpfliche Kraft und Energie aus und sind diejenigen, die ihre Aufgaben zielstrebig erledigen. Sie genießen es, aktiv zu sein, und sie sind fähige Führungspersönlichkeiten in den verschiedensten Bereichen. Bei nicht so weit entwickelten Individuen des Ersten Strahles kann ihr Tatendrang und ihre Kraft hin und wieder Unbehagen auslösen.

Menschen, denen es an Energie, Kraft, Glauben an Gott und an das Gute mangelt, sollten die großen Wesen des Ersten Strahls anrufen – besonders den Aufgestiegenen Meister El Morya, den Erzengel Michael und den Elohim Herkules – und die belebende stärkende Kraft des Blauen Strahls in sich aufnehmen, indem sie mehrfach folgende Worte sprechen: „Ich bin die Kraft des Herkules, ich bin seine unerschöpfliche Kraft und Energie und kenne deshalb keine Müdigkeit!"

DER AUFGESTIEGENE MEISTER EL MORYA

El Morya kam als Schutzgeist vom Planeten Merkur auf die Erde. Als Chohan des Ersten Strahls repräsentiert er den Willen Gottes, er steht den Menschen zur Seite, die Regierungspositionen innehaben und hilft allen, die den Wunsch haben, nach Gottes Willen zu leben.

El Morya hatte auf der Erde mehrere Verkörperungen als König. Er war Melchior, einer der „Drei Weisen", die ihren

Weg zu Jesus fanden. Später wurde er König Arthur von den Rittern der Tafelrunde. Als Thomas Moore, der irische Poet, schrieb er die Worte zum Lied „Believe Me If All Those Endearing Young Charms." Er wählte diese Verkörperung als Ausgleich zu seinen vielen Verkörperungen als Regent. Zusammen mit El Kuthumi und Djwal Kul bemühte er sich, durch die Theosophische Bewegung den Menschen das Wissen des kosmischen Gesetzes nahezubringen. Der Aufstieg von El Morya fand um das Jahr 1888 statt.

Im Jahre 1951 erhielt El Morya die *Dispensation* (Sonderverfügung) *der „Bridge to Freedom."* Saint Germain unterstützte ihn in diesem Anliegen. In seiner Funktion als Herausgeber der monatlichen Zeitschrift *„Bridge to Freedom"* benutzte El Morya das Pseudonym „Thomas Printz" (Thomas prints = Thomas druckt). Die Aufgestiegenen Meister diktierten Geraldine Innocente, dem Zwillingsstrahl von El Morya, ihre Texte. Diese Verbindung und Geraldines Verbindung mit der Bruderschaft während früherer Verkörperungen (z.B. als Orakel von Delphi) erleichterten die Übermittlung der Texte.

In dem Buch *„Der Erste Strahl"* forderte El Morya in einem Kapitel unter dem Titel „Die spirituelle Karawane" ernsthafte Schüler auf, ihn auf einer spirituellen Mission zu begleiten und in gemeinsamer Arbeit mit ihm die Grundlagen für ein neues andauerndes Goldenes Zeitalter zu schaffen. El Morya ist der Hierarch des Tempels des Göttlichen Willens in Darjeeling, Indien. Die Erkennungsmelodie des Tempels ist „Pomp and Circumstance" von Elgar. Seine persönliche Erkennungsmelodie und die seines Zwillingsstrahls ist „Panis Angelicus."

ANSPRACHE VON EL MORYA

Mit diesen Worten wende ich mich an die gesamte Menschheit! Aus dem Herzen der Schöpfung ist der Erlaß ergangen, daß der WILLE GOTTES JETZT WIRKLICHKEIT WERDEN SOLL in eurem Leben, durch eure Energien, eure Sinne. Ich spreche diese Worte in die Gedanken- und Gefühlswelten dieses Planeten, in jede Täuschung, die ernsthafte Söhne und Töchter des Königreiches umgibt, die ihre Berufung zu göttlicher Meisterschaft vergessen haben.

Der WILLE GOTTES ist GUT. Der WILLE GOTTES bedeutet Freiheit für die Menschen! Der WILLE GOTTES besagt, daß die Erdachse aufgerichtet und die extremen Klimaschwankungen gemildert werden sollen. Der WILLE GOTTES IST, daß jeder Mensch aus sich selbst heraus die Nahrung und Substanz, die er täglich zum Leben braucht, erschaffen soll. Der WILLE GOTTES BESAGT, daß es keinen trennenden Schleier mehr zwischen Gott und Mensch geben soll und daß Engel, Devas und alle göttlich freien Wesen sich so unbeschwert unter den verschiedenen Evolutionen auf der Erde bewegen und mit ihnen kommunizieren sollen, wie die Menschen heute miteinander kommunizieren.

Dies ist der WILLE GOTTES: der Lahme werde geheilt, der Leidende erhebe sich von seinem Lager und der Kranke werde von Wohlergehen und Harmonie erfüllt – dazu versenke sich ein jeder in das tiefste Innere seines Herzens, wo er sich seiner höchsten Göttlichkeit von Angesicht zu Angesicht gegenübersieht und von großer Liebe erfüllt wird, wenn er erkennt, welch unglaubliche Vollkommenheit von Anfang an für jeden Lebensstrom vorherbestimmt ist.

Es ist an der Zeit, daß der WILLE GOTTES dem Bewußtsein der Menschen mit solcher Eindringlichkeit und Kraft eingeprägt wird, daß es in Zukunft kein weiteres Herumhängen im Schattenbereich gibt und daß Beschränkungen in Zusammenhang mit dem universellen Schöpferprinzip nicht mehr akzeptiert werden. Diejenigen unaufgestiegenen Menschen, die bereit sind, die folgenden starken, kraftvollen Gedanken (gesprochen, falls möglich) dreimal täglich für mindestens je fünf Minuten auszusenden, werden ICH (El Morya; Anm. d. Übers.) IN AKTION SEIN!

Der WILLE GOTTES ist GUT!
Der WILLE GOTTES ist LICHT!
Der WILLE GOTTES ist GLÜCKSELIGKEIT!
Der WILLE GOTTES ist FRIEDEN!
Der WILLE GOTTES ist REINHEIT!
Der WILLE GOTTES ist AUSGEWOGENHEIT!
Der WILLE GOTTES ist GÜTE!

Viele Jahrhunderte lang habe ich mir geduldig angehört, wie Menschen mit ihren Lehrern endlos über den WILLEN GOTTES und die „Unterwerfung zu mannigfaltigen Problemen" diskutiert haben. DAS SOLL EIN ENDE HABEN! Im Leben liegt die Kraft der Meisterschaft und in meinem konzentrierten kosmischen Momentum liegt die Festigkeit und Sicherheit des Glaubens, daß dieser göttliche Wille erfüllt wird!

PLEDGE TO SERVE (Song)

To Morya we bow!
We, your chelas humbly vow
To NOW consecrate
And RE-DEDICATE
Our life in your service NOW!
We march in God's Name!
Protected by your flame!
'Til this Earth is free,
Blessed One, USE ME.
Help me be the Christ in action,
In God's „I AM" name.

In me you can trust.
I am equal to the task.
I will give my all,
Ready at your call,
All you have to do is ASK.
El Morya, my friend,
I am with you 'til the end.
Not my will but THINE.
Place your hand in mine.
On your Bridge to Freedom chelas
You can NOW depend.

Oh. How we love YOU.
We will help you see it through.
Arm us with your sword,
And with ONE ACCORD,
We'll WIN, even though we're few.
We do now attest.
We will strive to do our best.
For vows that were sworn,
Before we were born,
We will serve until
The Golden Age is MANIFEST.

Melody: „Pomp and Circumstance", March No. 4, Elgar

WIR VERSPRECHEN DIR ZU DIENEN (Lied)

(Übersetzung)

Vor dir, Morya, verneigen wir uns!
Deine Schüler, geloben,
unser Leben in deinen Dienst zu stell'n,
es JETZT Dir zu weih'n.
Im Namen Gottes und in deiner Flamme Schutz
schreiten wir voran
bis die Erde ist frei.
Gesegneter, SETZ' MICH EIN!
hilf mir im Handeln wie Christus zu sein,
im Namen Gottes „I AM."

Auf mich kannst du bau'n!
Ich bin der Aufgabe gewachsen.
Mein Bestes werde ich geben,
stehe bereit für dich
und folge deinem Ruf.
EL MORYA, mein Freund,
bis zum Ende bleib ich bei dir.
DEIN Wille gelte, nicht der meine.
Nimm meine Hand in deine.
Den Jüngern deiner „Bridge to Freedom"
kannst du jetzt vertrau'n.

Wir verehren und lieben Dich
und helfen Dir, das Ziel zu erreichen.
Mit der Kraft Deines Schwertes mach uns stark.
VEREINT werden wir SIEGEN,
auch wenn unsere Zahl nur klein!
Wir versichern erneut,
Unser Bestes werden wir tun.
Gelöbnisse wurden abgelegt,
noch bevor wir auf Erden gebor'n.
Zum Dienst sind wir bereit,
bis das Goldene Zeitalter bricht an.

Melodie: „Pomp and Circumstance", Marsch Nr. 4, Elgar

DER ERZENGEL MICHAEL

Während die Elohim die Gedankennatur Gottes vertreten, vertreten und unterhalten die Erzengel die Gefühlsnatur des Schöpfers zum Nutzen und zur Stärkung der Menschheit. Jeder von ihnen verkörpert eine bestimmte göttliche Qualität. Durch sie fließen die Energien der Sieben Strahlen zu den drei Königreichen – den Reichen der Engel, Menschen und Elementarwesen.

Der bekannteste der sieben mächtigen Erzengel, der Boten Gottes, ist ihr Anführer, Prinz Michael, der Erzengel des Glaubens, des Schutzes und der Befreiung vom Bösen. Unzählige Gebete an ihn gerichtet, denen unmittelbar entsprochen wurde, haben ihn den Menschen der Erde sehr nahe gebracht.

Mit seinem goldenem Haar, seinen leuchtenden blauen Augen und seiner prächtigen Erscheinung, die Glaubenskraft und Gottvertrauen ausstrahlt, ist Lord Michael oft auf die Nöte der Menschen eingegangen, die sich mit ihren seelischen, geistigen und physischen Problemen an ihn wenden. Aus eigenem freien Willen entschied er sich schon bei Ankunft der ersten Menschen auf der Erde, Bewahrer des Glaubens der Menschen an ihren Gott zu werden. Er selbst oder einer seiner himmlischen Helfer kommt zu all jenen, die in Not sind und seine Hilfe erbitten.

Der Tempel des Erzengels Michael befindet sich in den kanadischen Rocky Mountains, in der Nähe von Banff, Alberta. Er befindet sich jetzt im Ätherbereich, obwohl er vor langen Zeiten wirklich auf der Erde stand. Der Tempel ist kreisrund, von riesigen Ausmaßen und hat vier Eingänge – je einen an den vier Kardinalpunkten des Kompaß. Seine Wände wurden aus einer wunderschönen goldenen Substanz erschaffen und sind mit phantastischen blauen Saphiren eingelegt. Auf seiner Kuppel trägt der Tempel ein Standbild von Lord Michael. Erzengel Michael benutzt die berittene kanadische Polizei als Fokus seiner Energie in der äußeren Welt. Auch im Ätherreich über Mitteleuropa ist ein Brennpunkt des Geliebten Erzengels Michael.

Als die erste Gruppe von Lebensströmen herunterkam, um die Erde zu bevölkern, wurde sie von Erzengel Michael als ihrem Beschützer begleitet. Die „heiligen Unschuldigen" inkarnierten zu Beginn in der Umgebung des großen Tetongebirges, im jetzigen US-Staat Wyoming. Viele Jahrhunderte später, nach der Ankunft der „Nachzügler" von anderen Sternen, die ihre Schatten der Zwietracht und Disharmonie mitbrachten, zog Erzengel Michael sich mit der Schar seiner Engel mehr und mehr in seinen Tempel des Glaubens zurück.

Von diesem Brennpunkt aus dient er weiterhin mit seinen Legionen den Menschen und schützt und behütet sie. Bevor die Menschen sich in ihre selbst erschaffenen Unvollkommenheiten verstrickten, war es für sie ganz natürlich, mit der Schar der Engel und ihren Anführern zu kommunizieren, ihnen zu dienen und Rat von ihnen anzunehmen. Von allen Teilen der Erde strömten die Menschen herbei, um die mächtige Strahlung des großen Erzengels Michael in sich aufzunehmen und dadurch neue Kraft für ihre jeweiligen Aufgaben zu schöpfen. Ihre Seelen füllten sich dabei mit seinem Vertrauen in die letztendliche Verwirklichung des Reiches Gottes auf Erden.

Von diesem Tempel im Ätherbereich aus strömen die Helfer des Erzengels Michael ständig in alle Richtungen, um Schutz, Gnade, Erlösung und Heil zu bringen. Der Strahl des absoluten unbeirrbaren Glaubens an Gott durchdringt weiterhin von diesem Tempel aus die emotionale, mentale und ätherische Substanz dieses Planeten und seiner begleitenden Evolutionen. Nacht für Nacht kommen in diesem Tempel – in ihren feineren Körpern – alle diejenigen zusammen, die helfen möchten, die Menschheit von Krankheit, seelischer Erschöpfung und allen Arten menschlicher Beschränkungen zu befreien. Hier finden sie neuen Mut und frische Kraft, um weiterhin der Erde in ihrem speziellen Bereich zu dienen.

Wenn ein Mensch Erzengel Michael und seine Legionen von Engeln anruft, beantworten sie diesen Hilferuf und befreien die Menschheit von den Schatten, die sich an sie geheftet haben und auf Kosten ihrer Lebensenergie leben. Einige dieser Massen-Schatten (die auch „Massenwesen" genannt werden) sind Energieansammlungen von gewaltigen Ausmaßen. Ein einzelner Mensch, der in die Fänge einer solchen Schattenformation gerät, indem er durch ähnliche Gefühle oder Gedanken mit ihr in Kontakt tritt, verfügt meist nicht über die erforderliche spirituelle Vitalität, Weisheit, Kraft oder Mut, um sich aus dieser Negativität befreien zu können. Wenn er jedoch Erzengel Michael bittet ihn zu befreien, indem er die Bindungen zu derartigen Energien durchtrennt, werden er und seine Legionen kommen und Hilfe leisten. Voraussetzung dafür ist jedoch, daß dieser Hilferuf bewußt und in aller Aufrichtigkeit erfolgt; dann wird ihm auch immer entsprochen.

Erzengel Michael versprach, allen Lebensströmen, die sich auf diesem und auch auf anderen Planeten dieses Planetensystems verkörpern wollen, Schutz zu gewähren, bis alle aufgestiegen und „heimgekehrt" sein werden.

Er wird auch der Engel der Erlösung genannt, weil er die Menschen mit seinem blauen Flammenschwert aus ihren selbsterschaffenen negativen Verwicklungen befreit. Zu dem Zeitpunkt, als die Nachzügler mit ihren destruktiven Gefühlen und Gedanken auf die Erde kamen, schuf er sein blaues Flammenschwert zum jahrhundertelangen Dienst an der Menschheit.

Erzengel Michael ist seit dem „Fall des Menschen" in der Erdatmosphäre tätig und reinigt diese Atmosphäre von den destruktiven Schwingungen, die von den Menschen geschaffen wurden, auch „psychische Substanzen" genannt. Seit 1939 widmete er diesem Dienst täglich 20 Stunden innerhalb des 24-Stunden-Zyklus. In den fünfziger Jahren wurde diese Stundenzahl auf 22 erhöht. Wenn er den psychischen- oder Astralbereich betritt, legt er seine volle Rüstung an, Helm usw., um sich mit den zerstörerischen Kräften auseinanderzusetzen. Er wird solange bleiben, bis die Erde frei von ihnen ist.

Zum ersten Mal seit seinem Dienst in Frankreich durch Johanna von Orleans erschien Erzengel Michael wieder am 15. November 1938. In dieser Nacht begann er mit seiner Hilfe für Amerika und autorisierte auch zu diesem Zeitpunkt seine Schüler, sein Blaues Flammenschwert und seinen Schutzschild einzusetzen.

Menschen, die jene Veränderung durchmachen, die „Tod" genannt wird, tragen noch all ihre unvollkommenen Neigungen, Gedanken- und Gefühlsmuster mit sich. Eure Bitten an Erzengel Michael um Hilfe für sie, wird sie auf der „anderen Seite" von diesem Ballast befreien und ihnen ermöglichen, eine höhere Klasse in ihrer Schulung zu besuchen.

Es wäre ausgesprochen hilfreich für alle Menschen, wenn sie ihre Gedanken vor dem Einschlafen auf den Tempel des Schutzes und des Glaubens richten würden. Hier könnten sie Erzengel Michael bitten, sie von den Ursachen und Keimen ihrer verschiedenen Nöte und Beschränkungen und allem, was SIE BINDET, ZU BEFREIEN. Dies würde den Lichtkräften erlauben, schneller in ihre Welt zu kommen und ihnen die Vollkommenheit zu bringen, die sie sich von Herzen wünschen.

Erzengel Michael trägt gewöhnlich die Farben Blau und Gold. Sein elektronisches Muster ist der geflügelte Kopf eines Cherubim. Sein Banner trägt eine goldene Sonne mit den Darstellungen der sieben Erzengel auf blauem Hintergrund. Der 29. September ist der St. Michaelstag.

Die Erkennungsmelodie des Tempels von Erzengel Michael ist in der Melodie des „Soldatenchors" (Faust) enthalten. In dem Buch „Die Sieben Erzengel sprechen" wurde der Ansprache eines jeden Erzengels eine bestimmte Melodie vorangestellt. In mehreren Fällen wurde diese bestimmte Melodie dann später in der „Bridge to Freedom" als die Erkennungsmelodie des jeweiligen Erzengels identifiziert. Danach ist es sehr wahrscheinlich, daß die Melodie „Holy,

Holy, Holy" die persönliche Erkennungsmelodie des Erzengels Michael ist.

Die Zwillingsflamme Erzengel Michaels ist Archai Faith (Glaube).

TO THE SEVEN ARCHANGELS

MICHAEL! MICHAEL! MICHAEL!
Prince of the Archangels,
From the grateful hearts of all,
Do songs of praise arise.
For Thy Heavenly Presence,
All on Earth adore Thee,
God from the Sun,
In all the name implies.

MICHAEL! MICHAEL! MICHAEL!
May the guardian angels
From thy heavenly legions,
Stand forth for all to see!
PURIFY! ILLUMINE!
Manifest the glory
Of Light's perfection,
That each one may be.

JOPHIEL and CHAMUEL!
GABRIEL and RAPHAEL!
URIEL and ZADKIEL!
And Mighty Hosts of Light.
Cherubim and Seraphim
From the Realms of Glory,
Rend now the veil
That dims our human sight.

Blessed seven Archangels,
For illumination,
We invoke thy presence,
In hymns of praise to thee.
Keep us consecrated
To God's plan fulfilling.
In purity,
Thy ministers to be !

Melody: Holy, Holy, Holy

AN DIE SIEBEN ERZENGEL (Lied)

Michael, Michael, Michael,
Prinz der Erzengel,
aus dankerfüllten Herzen
strömt unser Lied zu dir.
Himmlisches Wesen,
wir alle verehren dich,
Du Gott aus der Sonne,
Dein Name spricht für sich.

Michael, Michael, Michael,
mögen all' die Schutzengel
Deiner Legionen
für alle sichtbar sein.
ERLEUCHTE DU UND REIN'GE!
erstrahle im Glanze
des heil'gen Licht's Vollkommenheit,
das auch für uns bereit.

JOPHIEL und CHAMUEL!
GABRIEL UND RAPHAEL!
URIEL und ZADKIEL
und die mächt'ge Lichterschar!
Cherubim und Seraphim,
in den Höhen des Lichtes,
zerreißt jetzt diesen Schleier,
der den Menschen Sicht verwehrt.

Heilige Erzengel,
für unsere Erleuchtung
rufen wir in Lobeshymnen
Eure Gegenwart herbei.
Helft uns zu erfüllen,
Gottes Plan für unser Leben,
daß in großer Reinheit
wir könn' eure Helfer sein!

Melodie: „Holy, Holy, Holy....."

ANSPRACHE VON ERZENGEL MICHAEL

Möge die Menschheit eines Tages erfahren, was die Engel, die Schweigenden Wächter und die Devas geleistet haben, indem sie die Strahlung aus den Höhen des Himmels durch die niedere Erdatmosphäre leiteten und so den physischen Atem lebenspendend machten, statt ihn durch die tatsächlich vorhandenen Giftstoffe für eure physische Form zerstörerisch werden zu lassen.

Oh, ihr strahlenden Devas der Kathedralen! Gesegnete Schweigende Wächter über den Kirchen! Oh, ihr glorreichen Engel, die ihr über den Missionsstationen in der Bowery und China-Town (in New York City) wacht... ich liebe euch! Ich bringe euch Grüße von Zuhause! Oh, ihr Engel des Dienens und der Barmherzigkeit über den großen Institutionen und Anstalten! Ihr, die ihr wißt, daß sich die Sieben Erzengel heute abend in der Atmosphäre dieser Stadt befinden – euch bringe ich Mut!

Kinder dieser Erde, ihr lebt inmitten einer Welt, die von vollkommenen Wesen bewohnt wird, welche sich freiwillig im Exil befinden, Gefangene der Liebe sind, fern der Herrlichkeit des Himmlischen Hofes!

Erinnert euch an sie, wenn ihr durch eure Straßen geht, die Kranken besucht, durch eure Kirchen geht! Anerkennt diese Großen Schweigsamen, diese mächtigen Devas, deren Dienste die Menschheit der Erde vor Massenwahnsinn bewahrt haben! Ich fordere euch auf, dies zu tun! Sie haben Namen und Gefühle und eine Bestimmung. Sie besitzen Liebe und Hoffnung, genauso wie ihr. Sie stehen seit Jahrhunderten bereit; in diesem Land (USA) vielleicht nicht so lange, aber in Europa seit Tausenden von Jahren, in Asien seit Hunderttausenden von Jahren. Was ist wohl ihr Geschenk? – *Harmonisch beeigenschaftetes Leben!*

Darf ich erwähnen, daß ihr nicht die *alleinige* HOFFNUNG dieser Welt seid, aber ihr seid ein großer, wesentlicher Teil davon, da ihr von unserer Seite aus erleuchtet werdet und aufgeklärt seid über das, was wir vollbringen, wie wir es machen und wie ihr individuell mit uns zusammenarbeiten könnt, um denen zu helfen, die vielleicht ein größeres Momentum als ihr aufweisen können, die jedoch keinen Kontakt mit uns haben. Ihnen fehlt das nötige Selbstvertrauen, um den Graben des Rationalen zu überbrücken und die Ebenen zu erreichen, in denen wir uns aufhalten.

Ihr als unsere Schüler und diejenigen, die die Aufgestiegenen Meister als *Realität* erkannt haben, seid für uns die Brücke über diesen tiefen Graben. In euren okkulten und spirituellen Lehren wird diese Kluft ständig erwähnt. Für viele ist sie unüberbrückbar. Es gibt in orthodoxen Kreisen viele hochgebildete und -entwickelte Menschen, die aus Angst, sich lächerlich zu machen, aus Aberglauben, Gründen der Bigotterie oder wegen anderer seelischer Schwächen unfähig sind, die – für sie unsichtbare – Hand des Meisters zu ergreifen oder die Realität der Strahlung und der Kräfte zu akzeptieren die ihr – individuell oder in Gruppen – angenommen habt. Hier liegen eure großen Aufgaben und eure Möglichkeiten!

Wie soll eine Hierarchie den Himmlischen Plan Gottes durch unaufgestiegene Wesen erfüllen, solange sie nicht zu ihnen sprechen kann; wenn diese Hierarchie ihnen nicht mitteilen kann, was sie macht und ihr keine Gelegenheit gegeben wird, ihre Unterstützung für die Menschheit anzubieten. Eine auf Marmorpodeste gehobene, heiliggesprochene Hierarchie – welcher seit Jahrhunderten die Verwendung von Intelligenz und Stimme vorenthalten wurde – kann nur durch ihre Ausstrahlung wirken!

Ihr seid diejenigen, denen wir unsere Pläne, unsere Hoffnungen anvertraut haben. Jene unter uns, die den Erdenweg beschritten haben, vertrauten euch unsere einfachen persönlichen Erfahrungen an und vermittelten euch, auf welche Weise wir unseren Sieg erlangten. Indem wir euch an der Tatsache teilhaben ließen, daß wir Männer und Frauen wie ihr gewesen sind, haben wir versucht, euch in der Anerkennung unserer Realität und unserer Zugänglichkeit näher an uns heranzuziehen.

Ihr wärt nicht hier, wenn ihr die Möglichkeit, daß wir existieren, nicht akzeptiert hättet. Nicht alle unter euch nehmen uns vollkommen an, aber eine beträchtliche Anzahl tut es. Für diese Tatsache bin ich dankbar. Ich bin für jede Gelegenheit dankbar, die ihr irgendeinem Mitglied unserer eifrig bemühten Bruderschaft gewährt, um durch den Schleier menschlicher Schöpfung zu reichen. Gott segne euch dafür!

HERKULES, DER MÄCHTIGE ELOHIM DES ERSTEN STRAHLS

Die Sieben Mächtigen Elohim beschrieben den Schülern der „Bridge to Freedom" wie sie die Gotteskräfte der sieben Strahlen benutzten um die Erde zu erschaffen. Diese einzigartige und historische Beschreibung findet man in der AMTF-Publikation „Die Sieben Elohim sprechen über die sieben Schritte der Präzipitation."

Der Entwurf der Erde wurde von Helios und Vesta erschaffen, den Leitern der Sonne. Als die Sieben Elohim zuerst von Helios und Vesta gerufen und gefragt wurden, ob sie diesen Planeten erschaffen wollten, sagten alle in großer Demut „Wir werden euch helfen!"

Über lange Zeiten hatten die Elohim gelernt, wie man die schöpferische Kraft der Gedanken, der Gefühle, der Worte und Taten einsetzt, wie Gott es ihnen von Anbeginn an zugewiesen hatte.

Die Elohim trafen sich in bestimmten Zeitabständen, über lange Zeit, und gebrauchten ihr besonderes spirituelles Momentum auf einem bestimmten Strahl, um die Erde zu erschaffen. Bei ihren Treffen hat nie jemand gefehlt.

In aller Schöpfung, in der die mächtigen Elohim die besonderen Gott-Eigenschaften manifestiert hatten, gab es sieben Schritte zur Manifestation – sieben miteinander verbundenen Prozesse. Jeder der Elohim verkörpert den meisterhaften Gebrauch von einem der folgenden Schritte:

Herkules und seine Göttliche Ergänzung, die geliebte Amazon, waren als Erste bereit, die göttlichen Eltern dieses

Planetensystems, Helios und Vesta, bei der Erschaffung des Planeten Erde aus reiner Ursubstanz zu unterstützen. Sie betrachteten den göttlichen Plan und beantworteten die Aufforderung von Helios und Vesta etwa wie folgt: „Es ist unser WILLE, mitzuwirken bei der Erschaffung der Erde als planetarische Heimat für Generationen noch Ungeborener, die aus dem Herzen Gottes kommen werden." Vor jeder Art von konstruktiver schöpferischer Tätigkeit muß es den WILLEN ZUR TAT geben, begleitet von der Kraft, das zu vollbringen, was „Gottes Reich erweitern soll."

Herkules und Amazon repräsentieren die mächtige blaue Flamme der Stärke, der Macht und des WILLENS ZUR TAT. Euer Ruf an die beiden hohen Wesen, euch in ihren Schutz einzuhüllen und euch Kraft und Stärke zu verleihen, bringt ihre mächtige Hilfe in eure Welt und eure Tätigkeiten. Es gibt keine Macht, die dem großen Herkules widerstehen könnte!

ANSPRACHE VON HERKULES

Ich bin der Elohim des WILLENS ZUR TAT! Ich bin der Elohim der ENTSCHEIDUNGSKRAFT. Alles, was je auf Erden erreicht wurde, geschah durch Männer und Frauen, durch Engel, Elementarwesen und Devas mit Entschlußkraft, d.h. durch Wesen, die sich freiwillig entschieden, ihre Lebensenergie mit dem WILLEN ZUR TAT zu verbinden. Nichts wird erreicht ohne diesen WILLEN ZUR TAT.

Vor jeder Aktivität, jedem Erschaffen muß notwendigerweise dieser WILLE ZUR TAT im Bewußtsein vorhanden sein. Im Rahmen dieses universellen Gesetzes habe ich das Privileg, das Feuer des Enthusiasmus zu repräsentieren und den WILLEN, GOTTES PLAN ZU ERFÜLLEN. Es ist mir eine Freude und Ehre, euch die volle Kraft meiner Liebe und der Flamme meines Herzens spüren zu lassen, und meine Bereitschaft, GOTTES WILLEN ZU TUN, in euer Bewußtsein zu prägen.

Seid ihr heute zufrieden mit euch selbst und dem, was ihr manifestiert? Genügt euch ein halbes Brot, wenn ihr ein ganzes haben könnt? Seid ihr zufrieden mit einem Leben in Beschränkungen – in Körpern, die altern und degenerieren? EUER WILLE IST VERANTWORTLICH FÜR DAS, WAS IHR MANIFESTIERT.

DIE SIEBEN SCHRITTE ZUR PRÄZIPITATION
Ansprache von Herkules

Erstens: Jedem Erschaffen geht der Wunsch, der ENTSCHLUSS und der WILLE ZUR TAT voraus. Vor jeglicher Aktivität wird als Erstes der Wunsch verspürt und dann die Entscheidung getroffen, mit seiner Lebensenergie dieses oder jenes Muster, bzw. Plan zu verwirklichen.

Zweitens: Der mächtige Elohim Cassiopea verleiht die „Eingebung" (Erleuchtung), die Fähigkeit, eine Idee zu erkennen, sie zu erfassen, über sie nachzudenken und die Mittel und Wege herauszufinden, mit deren Hilfe sie möglichst schnell und überzeugend verwirklicht werden kann.

Drittens: Nachdem die Idee im Bewußtsein existiert, ist

jetzt der mächtige Elohim Orion an der Reihe und mit ihm die GÖTTLICHE LIEBE – die Kohäsionskraft, die das Ungeformte in eine Form überführt. Sie ist die Kraft, die reine Lebensenergie in das – im Geiste festgehaltene – Muster oder die Idee, einfließen läßt und sie dort so lange wie gewünscht hält.

Viertens: Jetzt setzt die Aktivität des mächtigen Elohim der REINHEIT, des geliebten Claire, ein. Seine Aufgabe ist das Aufrechterhalten der klaren (reinen) Vorstellung – unverfälscht durch Meinungen oder Wünsche des äußeren Selbst; sie soll wie eine reine, klare Glasscheibe sein, durch die die vollkommene Idee als Matrix heruntergeholt und dann mit Lichtsubstanz ausgefüllt und vervollkommnet werden kann.

Fünftens: Daran schließt sich die Tätigkeit des Elohim VISTA an, die darin besteht, die KONZENTRATION UND WEIHUNG DER ENERGIEN SOLANGE AUFRECHT ZU ERHALTEN, BIS DAS MUSTER VOLLENDET IST.

Sechstens: Für die Präzipitation wird die Reihenfolge des Sechsten und Siebten Strahls umgekehrt, d.h. der mächtige ARKTURUS, Elohim des Siebten Strahls ist jetzt an der Reihe mit dem VIOLETTEN FEUER, dem RHYTHMUS DER ANRUFUNG und der PRÄZISION, d.h. dem Hobeln, Feilen, Glätten und Vervollkommnen der Symmetrie der Form.

Siebtens: Wenn alles fast vollendet ist, nimmt der Elohim des FRIEDENS, der geliebte TRANQUILITAS, die Form, erhöht ihre Schönheit, Harmonie und Nützlichkeit und siegelt sie dann ein in seine Christusflamme des Friedens. Dies gibt der geschaffenen Form die Möglichkeit, dauerhaft erhalten zu bleiben.

Folgt diesem Ablauf für die Präzipitation, wenn ihr eine konstruktive Idee oder Sache, in eine manifeste Form bringen möchtet. Wendet euch aber zuerst an euer Heiliges Christus-Selbst in eurem Inneren und bittet es, euch das Bild des perfekten Musters von dem zu geben, was ihr erschaffen möchtet. WAS EIN MENSCH WILL, DAS WIRD ER ERHALTEN, denn der Wille ist die magnetische Kraft Gottes im Herzen, die das, was der Mensch sich wünscht, herbeiruft und manifestiert. Ich möchte euch heute anfeuern, daß ihr erkennt: IHR WERDET SEIN, WAS IHR SEIN WOLLT! WAS IHR SCHAFFEN WOLLT, MUSS ERSCHEINEN, DENN SO LAUTET DAS GESETZ!

Auf eurem Weg denkt an Herkules und akzeptiert bitte nicht die großen Beschränkungen für euch selbst; denn ihr wißt jetzt, daß ihr nur euren eigenen WILLEN stärken müßt, um all das hervorzubringen, WAS IHR EUCH WÜNSCHT! Sprecht oft die Worte, ICH WILL FREI SEIN, GOTT-FREI! Im Namen und mit der Kraft von Herkules WILL ICH EIN GÖTTLICHER MEISTER SEIN! ICH WILL EINE INKARNATION GOTTES SEIN! Dann seid ihr „Herkules in Aktion."

GRUPPENANRUFUNG (Die Gruppe steht)

Geliebte mächtige siegreiche I AM Gegenwart, geliebter Erzengel Michael, geliebter Elohim Herkules, geliebter Aufgestiegener Meister El Morya und geliebte Göttin der Reinheit Astrea: Schneidet uns frei, schneidet uns frei, schneidet uns frei von aller bösartig bewerteten Energie die jetzt gegen mich und andere Schüler der AMTF gerichtet ist.

Erfaßt und macht diese Energie unwirksam. Leitet, leitet, leitet diese Energie zurück zum Urheber. Erleuchtet den Urheber und seht zu, daß diese Energie nie wieder gegen Menschen gerichtet werden kann.

Weiter bitten wir euch, ALLE Menschen mit dem Glauben an die Güte Gottes zu erfüllen und sie bei ihren bewußten Anstrengungen zu unterstützen, den göttlichen Plan zu verwirklichen!

[ICH HABE DEN FESTEN WUNSCH, ein Werkzeug des göttlichen Willens zu sein.] (3)

Für andere Anrufungen: Siehe Anrufungsbüchlein

VISUALISATION

a) Mit sanfter passender Musik im Hintergrund richtet eure Konzentration auf Erzengel Michael, Elohim Herkules und den Aufgestiegenen Meister El Morya sowie den Engel des barmherzigen Dienens, der Zeremonie und des Schutzes, die euch bei diesem Zusammensein unterstützt haben.

b) Sendet ihnen eure Liebe und Dankbarkeit für ihren Dienst.

c) Fühlt euch eingehüllt in die Blaue Flammensäule des göttlichen Willens.

d) Dehnt diese Flammensäule aus, daß sie eure Stadt, euer Land, Europa und den ganzen Erdball umhüllt.

SEGENSSPRUCH

Gruppenleiter: Eingehüllt in eine mächtige Säule der Blauen Flamme des Göttlichen Willens vom Herzen des geliebten Erzengels Michael, des Elohim Herkules und des Aufgestiegenen Meisters El Morya, danken wir den Aufgestiegenen Heerscharen des Lichtes für die beständige Ausströmung ihres herrlichen Lichtes der Liebe, Weisheit und Kraft.

Wir danken dem geliebten Erzengel Michael, Erzengel Uriel, allen Aufgestiegenen Wesen des Ersten Strahls und den Engeln des barmherzigen Dienens, des Schutzes und der Zeremonie, die uns bei diesem Lichtdienst helfend zur Seite standen. Nehmt unsere Energie auf und vervielfacht sie mit der mächtigen Kraft eurer Liebe. Leitet sie nach Norden, Westen, Süden und Osten und umhüllt die ganze Erde mit der Blauen Flammenkraft des göttlichen Willens.

(Kurze Pause)

Möge der Segen und die Liebe des Allmächtigen Gottes und der Friede, der höher ist als alle Vernunft, mit jedem Einzelnen von euch sein. Möge das Licht der Gnade und Barmherzigkeit Gottes euch beschützen und auf eurem geistigen Pfade führen, hin zur Erleuchtung und zu ewiger Freiheit.

(Kurze Pause. Der Gruppenleiter sendet gedanklich die gesammelte Energie zum Kraftfeld über dem Ort des Treffens. Dann löscht er die Kerzen, beginnend mit der rosa Kerze, anschließend die gelbe und blaue.)

Spielt passende Musik um die Schwingung aufrecht zu erhalten.

Lektion 9

DER ZWEITE STRAHL

FEIERLICHES ENTZÜNDEN DER KERZEN (Altardienst)

Nach Begrüßung der Teilnehmer durch den Gruppenleiter und begleitet von passender Musik, wie z. B. „Bells of the Meadows", spricht der Akoluth (Altardiener) oder Gruppenleiter die folgende Invokation:

SEI GEGRÜSST, Du All-erfüllendes, All-durchdringendes Licht des Universums, Du Urquell des Lebens, „I AM." Indem wir jetzt diese drei Flammen entzünden als Symbol für die dreifältige Aktivität des Lebens, verneigen wir uns vor dem Licht des Lebens:

Den Vater (die blaue Kerze entzünden),
Den Sohn (die goldene / gelbe Kerze entzünden),
Und den Heiligen Geist (die rosa Kerze entzünden).

Geliebte I AM Gegenwart, komme nun und übernimm Deine rechtmäßige Autorität über die vier niederen Körper aller Deiner Kinder und zeige uns, wie wir in Demut und Ehrfurcht die vollkommen harmonische Aktivität von Liebe, Weisheit und Macht, die du bist, in unserem Leben verwirklichen können.

Hilf uns, vollkommene Harmonie, Gesundheit und Wohlstand zu erreichen und aufrecht zu erhalten. Laßt den göttlichen Plan durch jedes Lebewesen, das diesem Planeten angehört, verwirklicht werden.

Oh Erhabenes Höchstes Licht, wir erkennen Dich an in allem Leben und unser innigster Dank gilt Dir, den glorreichen Kosmischen und Aufgestiegenen Wesen, sowie den herrlichen Engelscharen. Während wir unsere Anrufungen vorbringen, bitten wir Euch, die Energien zu verstärken,

welche wir in dieser Zusammenkunft freisetzen, und mögen dieses Licht und die Lehren der Großen Weißen Bruderschaft sich immer weiter ausbreiten, beständig die Grenzen Deines Königreiches ausdehnend, in Erfüllung Deines Willens, „I AM"!

(kleine Pause)

INVOKATION (die Gruppe steht)

Gruppenleiter: Geliebte mächtige siegreiche Gott-Gegenwart, Du Urquell, der Du in jedem unserer Herzen verankert bist, wir lieben und verehren Dich. Wir erkennen Dich an als den Ursprung und Geber allen Lebens – unserem Leben, unserer Intelligenz und unserer körperlichen Substanz!

Wir rufen Euch an, geliebter Erzengel Michael, Erzengel Uriel und alle Aufgestiegenen Wesen des Zweiten Strahls, insbesondere Erzengel Jophiel, Elohim Cassiopea und die Aufgestiegenen Meister Lanto und Kuthumi.

Während unsere tiefste Liebe und Dankbarkeit zu der Schar der Aufgestiegenen Lichtwesen strömt, die uns dieses Wissen gaben, laßt die goldene Flamme der Unterscheidungskraft, Weisheit und göttlichen Erleuchtung durch und um uns lodern und für immer aufrechterhalten bleiben!

Hüllt uns ein in das Licht, die Liebe und die Kraft des siegreichen Vollbringens. Schützt und behütet uns, führt und leitet uns und helft uns, die Erleuchtung durch Wahrheit zu finden, die uns frei macht!

ÜBERBLICK ÜBER DIE LEKTION

Hauptfunktion dieses Strahls: die göttlichen Ideen des Ersten Strahls werden aufgenommen und sie werden mit solchen Einzelheiten ausgestattet, so daß sie nun durchführbar sind. Durch Kontemplation erhält man Hinweise wie die göttlichen Ideen in die Realität des physischen Reiches umgesetzt werden können. Hierzu bedarf es Unterscheidungsvermögen, Weisheit und Erleuchtung. Lehrer und Dozenten gehören oftmals diesem Strahl an.

Die Flamme des 2. Strahls ist goldgelb.

Hauptrepräsentanten dieses Strahls: Erzengel Jophiel, Elohim Cassiopea, die Aufgestiegenen Meister Kuthumi und Jesus (beide sind jetzt Weltlehrer) und der Aufgestiegene Meister Lanto (Chohan).

Es wird empfohlen, zu Beginn der Lektion die Bilder der Meister Kuthumi und Jesus zu betrachten und um das angesammelte Momentum ihrer Meisterschaft über Energie und Schwingung zu bitten.

DER ZWEITE STRAHL – DER GOLDENE STRAHL DER WEISHEIT

Der Zweite Strahl dient der Menschheit, indem er das Bewußtsein derjenigen schult, die die Gabe haben, WEISHEIT UND ECHTES WISSEN über alle Kanäle und Wege zu vermitteln, die der Menschheit nützen. Dies ist der Strahl der Lehrer und Erzieher.

Bis 1958 war der geliebte Aufgestiegene Meister Kuthumi Chohan dieses Strahls. Als er in dem Jahr gemeinsam mit dem geliebten Meister Jesus zum Amt des Weltlehrers aufstieg, wurde Lord Lanto sein Nachfolger als Chohan des Zweiten Strahls.

Diejenigen, die mit dem Zweiten Strahl verbunden sind, sehen es als ihre Aufgabe an, den Menschen aller Nationen und Rassen ein besseres Wissen voneinander und größeres Verständnis füreinander zu vermitteln; denn es wird keine wahre Bruderschaft unter der Weltbevölkerung geben, solange die Menschen nicht ein verständnisvolleres Herz durch Erweiterung ihres Bewußtseins in sich entwickelt haben.

Der Strahl der Weisheit befaßt sich nicht mit dem, was wir normalerweise unter geistiger Begabung und intellektueller Anhäufung von Fakten verstehen. ECHTE WEISHEIT entsteht, wenn die Gesetze des Lebens erkannt und angewendet werden. Dafür ist es notwendig, in Andacht und Demut auf die Stimme aus der Stille zu hören. Mit zunehmender Weisheit nimmt der Redefluß ab, die emotionale Welt wird friedvoller und es wird weniger mit dem Gehirn gedacht.

Dieser Strahl repräsentiert auch den Pfad der Weisheit, der Stille und des Unterscheidungsvermögens. Dies sind einige der schwierigsten Aspekte des Pfades. Denn solange wir nicht imstande sind, die Stimme aus der Stille zu hören, bewegen wir uns in den Randbezirken des Lebens, und das leere Hosiannahgeschrei, das wir mit den Massen zusammen anstimmen, findet meistens nur ein Echo in unseren eigenen Ohren.

KUTHUMI – WELTLEHRER
(FRÜHER CHOHAN DES ZWEITEN STRAHLS)

Eine der vielen Verkörperungen des geliebten Meisters Kuthumi vor seinem Aufstieg war die des Kaspar, einer der Drei Weisen, die dem Stern von Bethlehem folgten. Außerdem lebte er als der griechische Gelehrte Pythagoras; und später war er der heilige Franz von Assisi. Dies sind natürlich nur einige seiner Verkörperungen. Kuthumi hat auch zusammen mit den großen Meistern El Morya und Djwal Kul die Theosophische Gesellschaft ins Leben gerufen. Diejenigen, die den Wunsch haben, die spirituellen Gesetze des Lebens zu erlernen, um besser als Lehrer für ihre Mitmenschen wirken zu können, werden auf ihrem speziellen Gebiet besonders sorgfältig unterstützt, wenn sie ihre liebevollen Gedanken auf Meister Kuthumi richten und ihn um seine Hilfe bitten.

In der wunderschönen Hügellandschaft von Kaschmir unterhalten Lord Maitreya und sein Schüler Kuthumi einen Lichtbrennpunkt (Fokus), der der Verbreitung der Lehre von der göttlichen Liebe gewidmet und geweiht ist, wie sie von den großen Lehrern, Erziehern und Führern in den Weltreligionen zum Ausdruck gebracht wurden. Hier, in dem spirituellen Heiligtum der Ruhe und des Friedens, versammeln sich die Brüder und Schwestern der Goldenen Robe und sitzen zu Füßen von Lord Maitreya, Kuthumi und anderen Aufgestiegenen Meistern. Sie lernen von ihnen, wahres Wissen aufzunehmen und es auf die wirksamste Weise weiterzuvermitteln.

ANSPRACHE VON MEISTER KUTHUMI

„Die Übertragung von Bewußtseinsinhalten von einem Menschen auf den anderen nennen wir Wissensvermittlung – Unterricht. Die vollerschlossene Wahrheit bleibt für immer allgegenwärtig im universalen Geist Gottes. Die individualisierte Intelligenz der Kinder Gottes muß jedoch an dieses große göttliche Wissensreservoir heranreichen und soviel von dieser allumfassenden Wahrheit in ihr eigenes Bewußtsein annehmen, wie ihre Fähigkeit zur Aufnahme und Vergegenwärtigung es ihr gestattet. Jeder Mensch schöpft also mit seinem eigenen Krug aus diesem Quell des Wissens und profitiert von ihm entsprechend seiner eigenen Aufnahmefähigkeit. Dies ist geistige Kommunion! Ein Lehrer ist jemand, dessen Krug auf vielen Wegen zum Brunnen immer umfangreicher wurde und der diejenigen, die noch nicht an den Rand des Brunnens geistiger Erkenntnis heranreichen, an der großen Fülle teilhaben läßt. Selbst auf den unteren Stufen der Schulung füllt zuerst der Lehrer sein Bewußtsein und hält dann seinen Wissenskelch dem Schüler behutsam entgegen, der an seiner Süße nippen darf, dann die Essenz lieben lernt, zur Quelle des Lehrers zurückkehrt, bis er später vielleicht zu den wenigen gehört, die gemeinsam mit dem Lehrer zum Brunnen gehen. Diejenigen, die nicht davon trinken, werden geistig nicht wachsen. Gesegnet seien diejenigen, die spirituellen Hunger wecken, und gesegnet seien auch die, die den Hungrigen Nahrung geben!

„Die Erleuchtung des äußeren Bewußtseins, das wache Erkennen, das den tieferen Sinn hinter allen Ritualen, Anrufungen und Handlungen aufspürt, befähigt den Einzelnen, sowie die Gruppe, an der Zeremonie des Magnetisierens (Anm. d. Übers.: magnetisch anziehen) der Gaben Gottes mit frohem Herzen teilzunehmen. Dort wo die Erleuchtung fehlt, gibt es nur widerstrebende Energie! Der Gottesdienst wird dann zum „Pflichtdienst", der manchmal durch Angst und Aberglauben motiviert wird. DIES SOLL NICHT LÄNGER SO SEIN! Im Neuen Zeitalter, das unter der Führung des Aufgestiegenen Meisters Saint Germain steht, will es das Kosmische Gesetz, daß der Mensch weiß, WARUM er seinen physischen-, Gedanken-, Gefühls- und Ätherkörper reinigen muß und welchen Sinn es hat, daß er seine Harmonie wahrt. Dann wird eine liebevolle Mitwirkung des engagierten Schülers möglich sein! Durch die Aktivitäten unseres geliebten El Morya in der „Bridge to Freedom" versuchen wir, den SINN UNSERER BEMÜHUNGEN für das äußere Bewußtsein der Menschen deutlich erkennbar zu machen.

Musikalisches Zwischenspiel

Während der Schüler (oder die Gruppe) seine (ihre) Aufmerksamkeit auf den Aufgestiegenen Meister Kuthumi richtet und ihm liebevolle Gedanken zuströmen läßt (dabei könnte der Schüler sein Bild anschauen und ihn bitten, ihn in seine Strahlung einzuhüllen), sollte das Lied „Kashmiri Song" („Pale Hands I Loved"), das die Erkennungsmelodie des geliebten Kuthumi enthält, zur Unterstützung der Kontemplation gespielt werden.

MEISTER LANTO – CHOHAN DES ZWEITEN STRAHLS

Der geliebte Meister Lanto erreichte seinen Aufstieg zur Zeit von Konfuzius (500 v. Chr.). Seine Hauptthemen waren Ehrlichkeit und Wahrhaftigkeit im Zusammenleben aller Menschen. In einer seiner Verkörperungen lebte er als der chinesische Kaiser Chang. Meister Lanto konnte das Licht in seinem Herzen so weit ausdehnen und verstärken, daß sein physischer Körper von innen heraus leuchtete. Zu der Zeit, als der Lemurische Kontinent versank, wurde ihm der Schutz der Präzipitationsflamme und der Schätze übertragen, die sich jetzt im Tetongebirge [im US-Staat Montana] befinden; wir nennen diesen Ort den Rocky Mountain Retreat.

Meister Lanto bringt dem Zweiten Strahl nicht nur dessen besondere Qualitäten – Weisheit und Erleuchtung – sondern auch seine langjährige Erfahrung in der Anwendung der Präzipitationsflamme und seine große VEREHRUNG FÜR DAS LEBEN, eine Geisteshaltung, die die Menschheit heute ganz besonders braucht. Er wird die Schüler besonders intensiv unterstützen, die ihn anrufen, um mehr Positives, mehr göttliche Qualität, in ihre Welt zu bringen. Das tiefe Verständnis der Verehrung für alles Leben ist wahre Erleuchtung und befähigt den Schüler, dem Leben besser zu dienen. Bis 1956 war Meister Lanto Leiter der Lichtstätte im Tetongebirge. Er gab diese Position auf, um Chohan des Zweiten Strahls zu werden. Der geliebte Konfuzius ist jetzt Hierarch der Teton Lichtstätte.

Lantos besondere Qualität ist die Verehrung für das Leben. Seine Erkennungsmelodie ist: „Oh, du mein holder Abendstern" aus „Tannhäuser" von Richard Wagner.

ANSPRACHE VON LANTO

Es gibt sehr viel zu sagen über die Verehrung des Lebens, und viel kann darüber gelehrt werden. Denn ihr wißt, das Leben kommt von Gott und ist – ohne Rücksicht darauf, in welcher Form es zeitweilig wirkt – dazu vorbestimmt, in Gottes Eigentum zurückzukehren. Deshalb lehren und lehrten wir die Zeitalter hindurch im Teton die Verehrung des Lebens (*Wenn diese Verehrung groß genug ist, wird das Präzipitieren leicht*). Die wahre Verehrung ist unpersönlich, ihr liebt dann alles Leben gleichermaßen, unpersönlich und in harmonischer Weise. So gibt es dann keine Keime der Selbstsucht mehr, die den Strom des Guten aus eurem Kausalkörper zum Segen alles gefangenen Lebens unterbinden könnten.

Verehrung für einen Einzelnen oder einige wenige Menschen zu empfinden, die ihr im Laufe einer Verkörperung kennenlernt, ist relativ leicht; die große uneigennützige Verehrung für ALLES Leben jedoch entsteht erst in euch, wenn ihr unsere Lehren und unsere Strahlung aufnehmt und in euer Leben integriert.

Vor langen Zeiten wurde in China das wahre Gesetz in Hinsicht auf die Verehrung für das Leben gelehrt, nicht nur in Bezug auf den Menschen sondern auch auf alles pflanzliche Leben. Niemand, der diesem wahren Gesetz folgte, brach jemals den Stil einer Blume. In jener Zeit der Schönheit und Vollkommenheit in China wußten wir alle, daß Leben, das von und durch Gott zu uns kommt, auch in Form einer Blume, eine göttliche Bestimmung zu erfüllen hat, indem sie den Menschen durch ihre Schönheit erfreut, mit ihrem Duft die Luft erfüllt, und daß sie zu gegebener Zeit durch ihren göttlichen Archetypen wieder zurückgeholt würde. So lebten wir in dieser großartigen Verehrung für das Leben und für einander – selbst für jene, die zu uns kamen, um uns zu „bekehren" zu ihren verschiedenen Religionen, in denen man diese Verehrung weder kannte noch empfand.

Jetzt wächst wieder das Verständnis in euch, daß Verehrung für das Leben uneigennützig und selbstlos ist und die gesamte menschliche Rasse sowie alles Leben einschließt. Indem ihr dies lernt, entwickelt ihr die präzipitierenden Kräfte des Guten! Was einer kleinen Rose möglich ist, kann ein Mensch mit Sicherheit auch vollbringen! Die Rose folgt ihrem göttlichen Plan und blüht zu ihrer Zeit. Die Menschen müssen dahin kommen, daß sie für das Leben, das in ihnen pulst, Verehrung empfinden und diese Verehrung – über Zeit – in Liebe erweitern und vertiefen, bis sie selbst die lebendige manifestierte Christuskraft sind, wo immer sie auch sein mögen.

Dies ist die wichtigste Lehre, die es in der gesamten Welt gibt, die größte Erkenntnis, das höchste spirituelle Gesetz, das es in diesem Universum gibt! Lernt, Verehrung für das Leben zu empfinden, und wenn ihr dies erreicht, werdet ihr weder gehetzt, besorgt, noch verbittert sein. Ihr werdet eine begnadete Lebensweise entwickeln – jene Lebensweise des Aufgestiegenen Meisters Saint Germain.

BELOVED LANTO (Song)

1. Lanto, dear Lanto, friend of old and friend of light!
Parent and teacher, call we to thy height!
Let all now adore thee, for thy patient love and care,
Let all bow before thee, let thy love all share!

2. Friend of the ages, to thy gracious heart we call,
Let cosmic mercy, flood o'er Earth to all.
For beloved China, land of mercy's healing flame,
Free her blessed people, in God's holy name!

3. Guardian beloved, of America so dear,
Help her to freedom, keep her way all clear.
Purify, illumine, all within our land today,
Let thy power of victory ever with her stay!

4. Hail Royal Teton! First God-home of man on Earth,
Flood forth God's goodness, healing, peace and mirth!
Raise our Earth to heaven, fulfill now God's perfect plan,
Reveal God in action, BROTHERHOOD IN MAN!

CHORUS (after each verse above)

Lanto, dear blessed Lanto, never, never from us part.
Heal us, raise us and seal us ever in thy heart.

Melody: „Juanita" (Spanish Song)

GELIEBTER MEISTER LANTO (Lied)

Lanto, o Lanto, Freund des Lichts in Ewigkeit,
Lehrer der Menschheit in der Liebe Kleid.
In Anbetung knien wir vor deinem Herzenslicht,
Deiner Liebe Sorgfalt, sie verläßt uns nicht.

Freund alter Zeiten, den wir rufen, – gnadenvoll
laß deine Liebe fluten überall.
Im geliebten China, wo die Gnadenflamme lebt,
daß die Menschheit wieder hin zur Freiheit strebt.

Gottes Erleuchtung sei nun jedermann's Beginn,
reinige alles Körper, Seele, Sinn.
Auf daß wieder Frieden überall auf Erden sei,
und der Sieg des Guten mach' uns göttlich frei.

Heil, Royal Teton, wo wir lernen, allezeit
Leben zu segnen – ehrfurchtsvoll bereit.
Dank dir, Meister Lanto, für dein liebendes Bemüh'n,
Bruderschaft der Menschheit wieder soll erblüh'n!

Refrain, (nach jedem Vers)
Lanto, geliebter Lanto, trag' uns weiter himmelwärts
hebe uns immer wieder in dein liebend Herz!

Melodie: „Juanita" (Spanish Song)

JOPHIEL, DER ERZENGEL DER ERLEUCHTUNG

Der große Erzengel Jophiel ist der göttliche Lehrer von Engeln, Menschen und Elementarwesen, die den Wunsch haben, ihr Wissen vom Leben mit seinen wohltätigen göttlichen Gesetzen, die dieses große Universum regieren, zu erweitern. Dieses Wissen hilft ihnen, mit größerer Kompetenz und Wirksamkeit zu dienen. Mt Hilfe der Strahlung der Erleuchtung regt der Erzengel die Gefühle an, nach spirituellen Ideen und Inhalten zu suchen. Dieser geliebte Erzengel wandte sich an den Gott allen Lebens im Herzen des Universums und bat um die Möglichkeit, als göttlicher Lehrer zu wirken, nachdem er sich viele Zeitalter hindurch durch Studium und Vorbereitung dafür qualifiziert hatte.

Jophiels Lichttempel auf inneren Ebenen strahlen in wunderschönem Goldgelb, der Farbe des Zweiten Strahls. In diesen Tempeln helfen anmutige Wesen Erzengel Jophiel, die Schar der Engel darin zu unterweisen, wie sie ihre Liebe und die Kraft ihres Lichtes verstärken, erweitern und damit segensvoller für alles Leben einsetzen können. Sie unterrichten auch Menschen, die danach streben, Fähigkeiten als Lehrer oder Ausbilder zu entwickeln; sie werden nachts, während ihre physischen Körper schlafen, in den Tempeln der Erleuchtung unterrichtet. Auch eifrige lernwillige Elementarwesen werden in Jophiels Tempeln der Erleuchtung gelehrt. Lord Jophiels einziges Anliegen ist die VERGRÖSSERUNG DES WISSENS UND DES VERSTÄNDNISSES eines jeden intelligenten Wesens, das diese Hilfe wünscht – ganz gleich welchem Königreich es angehören mag.

Zusammen mit Lord Jophiel dient seine wunderbare Zwillingsflamme Constance (Beständigkeit). Ihre Aufgabe besteht darin, den Wunsch zu dienen, fester im Bewußtsein des strebenden Schülers zu verankern. Indem sie ihre eigene göttliche Eigenschaft der Beständigkeit über Strahlen aussendet, regt sie die Aktivität der Christusflamme in jedem menschlichen Herzen dazu an „dranzubleiben", bis die Vollendung erreicht ist.

Lord Jophiel, Constance und die Lehrer in den Goldenen Tempeln der Erleuchtung verstärken in jedem Bewußtsein, das sich um Unterstützung an sie wendet, die Fähigkeit, höhere und erhabenere göttliche Ideale zum Ausdruck zu bringen. Mächtige Strahlen goldenen Lichts werden von den Tempeln Lord Jophiels aus zu allen Ausbildungstempeln und Unterrichtsstätten hier auf Erden gelenkt. Engel der Bildung und Erleuchtung benutzen diese mächtigen Strahlen und lassen über sie Wissen, Ermutigung und Inspiration zu den Lehrern in solchen Tempeln und Schulen fließen. Große Gelehrte, die die verschiedenen Aspekte des Gesetzes – sowohl auf der spirituellen wie auf der physischen Ebene – kennenlernen möchten, sind die Empfänger von gerichteten Energieströmen aus diesen Tempeln; und manchmal haben solche Menschen auf Erden auch einen „unsichtbaren Lehrer", der ihnen zur Seite gestellt wird und ihnen hilft, diese Unterweisung durch Inspiration, Intuition und Träume in sich aufzunehmen.

Jophiels Erkennungsmelodie ist in dem Lied „The Sweetest Story Ever Told" enthalten.

ANSPRACHE VON ERZENGEL JOPHIEL

Von der Sonne hinter der Sonne, von den Eltern unseres Sonnensystems, und den Eltern aller Galaxien bringe ich euren Seelen, eurem Geist und eurem Bewußtsein LICHT, LICHT, LICHT, damit ihr die göttlichen Eigenschaften der Erleuchtungsflamme verstehen lernt.

Viele sagen: „Wenn ich die Freiheit erlangt habe, DANN werde ich Gott, dem Herrn, dienen!" Der Maßstab für einen Mann oder eine Frau wird danach angelegt, was er oder sie JETZT vollbringt!

Wißt ihr, alle großen Werke wurden durch alle Zeitalter hindurch und auf allen Planeten von den *wenigen* vollbracht! Wir können jene Bewußtseinshaltung nicht gutheißen, welche Erfolg in Zahlen mißt, denn es sind niemals die *Massen*, sondern die *wenigen*, die die Hoffnung für die Erfüllung einer erfolgversprechenden Vision oder eines Entwurfes von Wert darstellen. Lediglich zwei Wesen im Herzen der Sonne erschaffen ein Planetensystem! Sieben Elohim erschaffen die Planeten! Es gibt nur sieben Erzengel, durch deren Bewußtsein, deren Körper und deren Welten die gesamte Energie für die Sieben Mächtigen Strahlen fließt, um die geistige Natur der Menschen, Elementarwesen und Engel zu nähren. Sieben Chohans beaufsichtigen, leiten, beraten und helfen in der Entwicklung von zehn Milliarden Lebensströmen auf diesem Planeten Erde!

Solange ein Mann oder eine Frau wünscht, daß ein Planet erhalten bleibt, solange zwei starke Füße fest auf der Erde stehen mit einem Herzen, das in Gottes Herzen verankert ist, muß der Planet überleben, *denn einer in der Autorität des „I AM" ist die Gegenwart des allmächtigen Gottes,* ganz gleich an welchem Ort sich dieser Flammenfokus aufhält.

Mein Bemühen, mein Dienst am Leben, besteht darin, das Bewußtsein auszubilden und ihm zu helfen, die Macht des Lichtes in seinem Inneren zu entdecken. In der Zweiten Sphäre wird all den Wesen, die die drei Entwicklungsreiche dieses Planeten umfassen, die Ausbildung gegeben, die für sie nötig ist um Meister der Energie zu werden, und sie damit auch befähigt, diese Unterweisung zu denjenigen weiterzutragen, die diese ebenso wünschen und die auf der Leiter der Entwicklung zu ihrer endgültigen Vollkommenheit emporstreben wollen.

In der Zweiten Sphäre werden Ideen kristallisiert. Sie nehmen Form an. Nun, in eurer eigenen Welt ist es sehr ähnlich. Ihr empfangt vielleicht eine abstrakte Idee und sagt: „Ich würde gerne eine Reise unternehmen." Dann wird euer Verstand, welcher die Zweite Sphäre darstellt, sagen: „Sehr gut, wir werden diesen Plan annehmen und ihn gestalten. Wir werden eine Reise auf die Bermuda-Inseln oder nach England planen, zu irgendeinem bestimmten Ort." Ihr könntet auch eine Idee für ein neues Haus erhalten. Dann würde euer Verstand diese Idee aufnehmen und vielleicht sagen: „Ich wünsche mir ein Haus mit acht Räumen und einem Grundstück von 4.000 m^2 Größe." „Ich hätte gerne ein Haus von ganz bestimmter Bauart." In der Zweiten Sphäre werden die abstrakten Impulse und Ideen in die jeweilige durchführbare Form herauskristallisiert.

„Desire", das englische Wort für „Wunsch," deutet dessen Ursprung an – „de-sire" bedeutet „vom Herren"; der Wunsch nimmt also Gestalt an. Wenn ihr die Idee für ein Geschenk, ein Haus oder für etwas anderes betrachtet, zieht ihr sie in die Zweite Sphäre, und wenn sie euch gefällt, strömt die Energie eurer Gefühle hinein und verleiht ihr Leben und Realität.

CONSTANCY

(A Song Dedicated to Archaii Constance)

Oh, make and keep us constant,
Beloved I AM to thee;
And grateful for thy presence,
Whose light now sets all free.
We feel thy cosmic power
Thy love to all impart;
Expand now God's forgiveness
In every constant heart.

May we be ever constant,
When pressures seem so strong;
'Til through love's power triumphant,
We sing again its song.
Oh, make and keep us willing
To ever constant be,
In giving our great service,
Of loving all life free.

May our desire be constant,
To see the Master's face;
In faith, our hearts expectant,
Are poised in listening grace
To find that realm eternal
From whence we ne'er shall roam,
When once our tasks are finished
And God then calls us home.

Beloved Archaii Constance,
Our guiding star now be;
And ever blaze within us
Thy Flame of Constancy.
To make and keep us constant
In blazing forth God's light,
That raises all mankind in
Ascension's glory bright.

BESTÄNDIGKEIT

(Ein Lied, Archai Constance gewidmet)

Hilf uns, beständig zu sein,
geliebter Gott, zu dir;
und dankbar für Dein Dasein,
frei macht Dein Licht uns hier.
Wir fühl'n Deine kosmische Kraft
Schenk allen Deine Liebe
Gottes Vergebung jetzt verbreite
in jedem treuen Herz.

Beständig woll'n wir bleiben
auch unter starkem Druck
bis siegreich durch die Liebe
ihr Lied neu in uns klingt.
Laß immer uns bereit sein,
in Treu' und Beständigkeit
dem großen Dienst uns zu weih'n:
das Leben frei zu lieben.

Mög' unser Wunsch beständig sein,
den Meister wahrzunehmen;
gläubig warten unsere Herzen,
zuversichtlich lauschen sie,
die Gefilde der Ewigkeit zu finden,
die wir nie mehr verlassen werden,
Wenn unsere Aufgabe einst beendet,
und Gott uns ruft nach Haus.

Geliebte Archaii Constance,
sei du unser führender Stern;
und laß für immer in uns leuchten
deine Flamme der Beständigkeit.
Daß wir in wachsender Treue
Leuchttürme werden für Gottes Licht,
das die Menschen erhebt
in den strahlenden Aufstieg.

CASSIOPEA – DER ELOHIM DER WEISHEIT

(Minerva: Göttliche Ergänzung)

Die Sieben Mächtigen Elohim erschufen den Planeten Erde aus der Ursubstanz des Lichtes. So wurde er zum wunderschönen, leuchtenden Standort für alle Gotteskinder, die den Wunsch hatten, durch den Umgang mit Energien und Schwingungen Meisterschaft zu erwerben. Die Weisheit Gottes – im Bewußtsein von Cassiopea und Minerva wirksam – half, den göttlichen Plan für die Kontur der Erde aufrechtzuerhalten und bestimmte die Anzahl der Menschen, die jeweils auf ihr wohnen sollten. Auch die Zeitspanne, die jeder der so Erwählten in der irdischen Verkörperung zubringen sollte, die notwendige Ruhephase für die Seele und schließlich der Zeitpunkt für die Wiederverkörperung, in der der Einzelne versucht, seinen göttlichen Plan zu erfüllen, waren hierin vorgesehen.

Auch wenn sie von ihren Wohltätern meistens nichts wußten, waren Gottes Kinder zu allen Zeiten eingehüllt in den intensiven goldenen Strahl der Weisheit aus den Herzen von Cassiopea und Minerva, von Erzengel Jophiel und Constance sowie jener älteren Brüder und Schwestern, die als „Lehrer der Goldenen Robe" bekannt sind. Patrioten, Lehrer, Menschenfreunde, Künstler, Forscher und Wissenschaftler, Geistliche und metaphysische Lehrer, die aufrichtig sind in ihren Motiven und Weisheit nicht nur nach ihrem persönlichen Vorteil suchen, werden immer von diesen göttlichen Wesen des Zweiten Strahls inspiriert.

KLARES UNTERSCHEIDUNGSVERMÖGEN IST EINE GABE DES ZWEITEN STRAHLS UND HILFT DEN KINDERN GOTTES,

DIE ES BESITZEN, DAS EMPFANGENE WISSEN VORURTEILSFREI ZU ERKENNEN, ZU STUDIEREN, DARÜBER NACHZUDENKEN UND SCHLIESSLICH DAS DARGESTELLTE ALS WAHRHEIT ANZUERKENNEN ODER ES ABZULEHNEN.

ANSPRACHE DES GELIEBTEN ELOHIM CASSIOPEA

Ich bin der Elohim der ERKENNTNIS und der WEISHEIT, Elohim der konzentrierten Kraft der Aufmerksamkeit, ohne die der Geist weder hier noch im Jenseits etwas begreifen oder wissen könnte. Die Kraft eurer Aufmerksamkeit ist die offene Tür zu eurem Geist und zu eurem gesamten Bewußtsein. Unser Strahl (der Zweite Strahl) vermittelt den Menschen, die ihm durch ihre Aufmerksamkeit die Tür öffnen, erleuchtetes Verständnis des Entwurfs und Planes Gottes – seines Schöpfungsmusters.

Der Planet Erde befindet sich in einem Zustand des Wachsens und die Strahlen intelligenter Energie (die ihr universales Licht nennt) sind in Wahrheit Lichtsubstanz, die durch die Aufmerksamkeit Kosmischer Wesen bewußt auf die Erde gelenkt wird. Einer dieser Strahlen ist die Goldene Flamme Göttlicher Erleuchtung, die seit Urzeiten aus den Herzen bestimmter Mitglieder der Hierarchie auf die Erde gerichtet wurde. Während der Strahl der Erleuchtung kontinuierlich auf die Erde einwirkte, begannen die fortgeschrittenen Mitglieder der menschlichen Rasse nach und nach, sich mit ihrer Aufmerksamkeit Gott wieder zuzuwenden, wodurch der Kreis durch die himmelwärts zurückströmende

Aufmerksamkeit der Menschen geschlossen wurde.

Meine Aufgabe besteht darin, das zu erkennen, was die göttlichen Eltern geplant haben und manifestiert sehen möchten. Der Zweck des Zweiten Strahls ist, das ERKENNEN und die AKTIVE, ERLEUCHTETE KONTEMPLATION des göttlichen Plans und Entwurfs zu ermöglichen.

Nachdem ihr den Entschluß gefaßt und euch dem Willen Gottes unterstellt habt, müßt ihr als Nächstes die göttliche Idee empfangen, sowie HINWEISE, WIE DIESE IN DIE REALITÄT UMZUSETZEN IST. Deshalb ist das Erste, was der Gedankenkörper zu tun hat, NACHDEM DER ENTSCHLUSS ZUM HANDELN GEFASST WURDE, STILL ZU WERDEN.

Über eure Aufmerksamkeit und eure Sinne nimmt euer Gedankenkörper all das auf, worauf ihr eure Aufmerksamkeit richtet (Gutes oder Anderes) und speichert dann die Bilder und Formen in eurem Geist. Die Gedankenkörper der Menschen gleichen alten Lagerhallen, in denen Möbel und gesammelte Gegenstände aus allen Zeiten aufgestapelt wurden. Sie sind voller Spinnweben und disharmonischer, menschlicher Vorstellungen, und es findet sich auch vieles, was versteinert ist oder sich im Prozeß der Auflösung befindet.

Als ihr ursprünglich eure Gedankenkörper aus dem Herzen der Schöpfung empfangen hattet, glichen sie Kristallkugeln aus Licht, in die ihr die klaren, präzisen, wunderschönen Ideen und Muster von eurem eigenen heiligen Christus-Selbst aufnahmt. Selbst jetzt, wo ihr dies lest und hört, lasse ich meine Flamme durch euer mentales Bewußtsein streifen. BEFREIT EUCH von den unvollkommenen menschlichen Vorstellungen, die ihr seit Urzeiten angesammelt habt!

DIE SIEBEN SCHRITTE DER PRÄZIPITATION
Von Elohim Cassiopea

Als Helios und Vesta uns am Anfang riefen und uns fragten, ob wir willens seien, diesen Planeten Erde zu erschaffen, antworteten wir:

(1) Wir haben den WILLEN, euch zu helfen!

(2) Dann waren wir demütig genug, nach IHREN Vorstellungen zu fragen, und so erhielten die EINGEBUNG davon, als wir ihren göttlichen Entwurf betrachteten.

(3) Mit GÖTTLICHER LIEBE zogen wir elektronische Lichtsubstanz an, aus der wir den Planeten formten.

(4) Unsere DEMUT und REINHEIT ließen keinen Wunsch nach Veränderung ihres göttlichen Entwurfs in uns aufkommen.

(5) Wir besaßen die notwendige KONZENTRATION von Energie, um durchzuhalten. Wißt ihr, wie viele Millionen Jahre notwendig sind, um einen bewohnbaren Planeten zu erschaffen?

(6) Wir hielten auch den RHYTHMUS DER ANRUFUNGEN aufrecht. Und an vielen Tagen verließen wir unsere eigene kosmische Arbeit, um zusammen mit den anderen Elohim Licht und Liebe in diesen Planeten hineinströmen zu lassen, der zu dieser Zeit begann Form anzunehmen. Keiner von uns hat je bei dieser rhythmischen Arbeit gefehlt, da sonst die Flamme Cassiopeas oder etwa die Orions kleiner gewesen wäre im Verhältnis zu denen der anderen, wodurch die perfekte Harmonie und Ausgewogenheit, die Jahrhundert für Jahrhundert von den sieben Elohim ausging, zerstört worden wäre.

(7) Dann wurde von uns verlangt, in und durch unsere Schöpfung FRIEDEN UND HARMONIE strömen zu lassen, die diesen Planeten erhalten würden, bis die für ihn vorgesehenen Evolutionen sich auf ihm zu entwickeln begannen, und auch nach Ankunft der Menschheit, die eingeladen wurde, sich an ihm zu erfreuen.

Euer heiliges Christus-Selbst erwartet jetzt, daß ihr es anerkennt – und nicht nur im Namen nach! Dieses Heilige Christus-Selbst ist ein sehr reales Wesen. Es wartet auf die Gelegenheit, euch euer göttliches Vorbild zu zeigen, das euch über euer mentales Bewußtsein offenbart werden kann, wenn ihr dieses Bewußtsein eurem Christus-Selbst wie einen Gralskelch entgegenhaltet. Dies kann nur geschehen in einer Geisteshaltung der Demut und Aufrichtigkeit und in dem Bewußtsein, daß mit Sicherheit dieses Wesen, daß euch erschaffen und seit Jahrmillionen erhalten hat – euch auch jetzt mit dem Atem des Lebens versorgt – ein Anrecht darauf hat, in euren Angelegenheiten „ein Wörtchen mitzureden.

Im Inneren eures Herzens befindet sich die goldene Flamme der Erleuchtung, die euch Wahrheit offenbaren wird. Als Antwort auf meinen Ruf steigt sie jetzt in eure Gehirnstruktur und euer äußeres Bewußtsein auf und reinigt sie für immer von den menschlichen Denkmustern vergangener Zeiten; sie reinigt sie von den Halbwahrheiten und dehnt die goldene Flamme der siebenfältigen Aktivität der Elohim aus, die auf eurer Stirn verankert ist. Wenn ihr bereit seid dies anzunehmen, kann jeder von euch zu einem Gral werden, durch den ein Vollkommenes Wesen seinen Segen für die Menschheit hindurchleiten kann!

VISUALISATION (Gruppe bleibt sitzen)

Der Gruppenleiter spricht:

„Stellt euch jetzt vor, ihr sitzt in einer Säule von funkelten goldenen Licht und die Goldene Flamme der Erleuchtung, Weisheit und Liebe strömt in einem fortwährenden Fluß von strahlendem Licht von der I AM Gegenwart herunter. Visualisiert und fühlt, wie sie sich in eurem Herzen zu einem Kelch formt, der sich immer mehr füllt, bis er überfließt und als goldenes Feuer jede Zelle, jedes Organ, alle Teile und Funktionen des Körpers durchdringt. Fühlt, wie sie euren Ätherkörper durchströmt, fühlt, wie sie euer Gehirn, eure Gedankenwelt erfüllt und eure Gefühlswelt in einem Umkreis von einigen Metern durchstrahlt. FÜHLT, IHR SEID DAS CHRISTUS SELBST, das diese Goldene Flamme der Weisheit voller Liebe aussendet, um alles zu segnen, was den ‚Saum eures Gewandes' berührt!"

HOLY CHRIST FLAME (Song)

Thou Holy Christ Flame within my heart,
Help me to manifest all thou art.
Teach me to see thyself in all;
Help me to show men how to call
All of thy glory from the Sun
'Til Earth's great victory is won!
„I AM," we love thee, thou art our all,
„I AM," we love thee—hear our CALL!

I hear thy call, my children dear.
„I AM" thy heart, so never fear!
„I AM" your mind, your body too;
„I AM" in every cell of you.
„I AM" thy earth, and sea, and sky,
And not one soul shall I pass by!
„I AM" in thee, thou art in me!
„I AM!" „I AM!" Earth's VICTORY!

HEILIGE CHRISTUSFLAMME (Lied)

Du Heilige Christusflamme in meinem Herzen,
hilf mir, all das zu verwirklichen, was du bist.
Lehre mich, dich in allem zu erkennen;
hilf mir den Menschen zu zeigen, wie man all
deine Pracht von der Sonne herunterruft,
bis die Erde ihren großen Sieg errungen hat!
„I AM" wir lieben dich, du bist unser ein und alles,
„I AM" wir lieben dich – höre unseren Ruf!

Ich höre deinen Ruf, mein liebes Kind,
„I AM" dein Herz, so fürchte nichts!
„I AM" dein Körper und auch dein Geist,
„I AM" in jeder Zelle dein.
„I AM" deine Erde, dein Himmel, dein Meer,
und keine Seele laß' ich aus!
„I AM" in dir und Du in mir!
„I AM!" „I AM!" der Erde Sieg!

Anmerkung: Lord Maitreya sagte den Schülern, daß dieses Lied ihm sehr geholfen habe, seinen Aufstieg zu erreichen.

GRUPPENANRUFUNG (Gruppe steht)

„Geliebte mächtige, siegreiche I AM Gegenwart und geliebter Aufgestiegener Meister Kuthumi, sende mir heute Nacht – während mein Körper schläft – einen Boten, der mich in meinem inneren Körper zu dir führt. Unterrichte mich umfassend und lasse mich in die Goldene Flamme der Erleuchtung eintauchen. Erfülle mein Bewußtsein mit allem, was ich zu diesem Zeitpunkt wissen muß, um meinen göttlichen Plan zu erfüllen. Sorge dafür, daß ich mir dieser Unterweisung voll bewußt bin, wenn ich zu meinem physischen Körper zurückkehre, so daß das Erlernte zu wirklichem praktischen Wissen wird, das mir in meiner eigenen Welt zu größerer Meisterschaft verhilft und mir ermöglicht, für die Aufgestiegenen Meister und meine Mitmenschen bessere Dienste zu leisten. Dies möge JETZT GESCHEHEN in meiner Welt und für immer erhalten bleiben!"

„Geliebte Gott-Gegenwart und geliebter Aufgestiegener Meister Lanto, ERFÜLLT MICH MIT VEREHRUNG FÜR DAS LEBEN und lehrt mich, wie ich DAS GUTE in meinem Leben verwirklichen kann. Ich erfahre JETZT Gottes unbeschränkte Vollkommenheit, die in meine Welt und Angelegenheiten hineinwirkt und für immer erhalten bleibt!"

VISUALISATION

a) Mit sanfter passender Musik im Hintergrund richtet eure Konzentration auf Erzengel Michael, Erzengel Jophiel, Elohim Cassiopea und die Aufgestiegenen Meister Jesus, Kuthumi und Lanto sowie die Engel des barmherzigen Dienens, der Zeremonie und des Schutzes, die uns bei diesem Zusammensein unterstützt haben.

b) Sendet ihnen eure Liebe und Dankbarkeit für ihren Dienst.

c) Fühlt euch eingehüllt in die Goldgelbe Flammensäule der göttlichen Erleuchtung.

d) Dehnt diese Flammensäule aus, daß sie eure Stadt, euer Land, Europa und den ganzen Erdball umhüllt.

SEGENSSPRUCH

Gruppenleiter: Eingehüllt in eine mächtige Säule der Goldgelben Flamme der Weisheit, der göttlichen Erleuchtung und des Unterscheidungsvermögens aus den Herzen der geliebten Erzengel Jophiel, Elohim Cassiopea und Meister Lanto danken wir den Heerscharen des Lichtes für die beständige Ausströmung ihres herrlichen Lichtes der Liebe, Weisheit und Kraft.

Wir danken den geliebten Erzengeln Michael, Erzengel Uriel, den Aufgestiegenen Wesen des Zweiten Strahls und den Engeln des barmherzigen Dienens, des Schutzes und der Zeremonie, die uns bei diesem Lichtdienst helfend zur Seite standen. Nehmt unsere Energie auf und vervielfacht sie mit der mächtigen Kraft eurer Liebe. Leitet sie nach Norden, Westen, Süden und Osten und umhüllt die ganze Erde mit der Goldgelben Flamme der Weisheit, der Erleuchtung und des Unterscheidungsvermögens. (Kurze Pause)

Möge der Segen und die Liebe des Allmächtigen Gottes und der Friede, der höher ist als alle Vernunft, mit jedem Einzelnen von euch sein. Möge das Licht der Gnade und Barmherzigkeit Gottes euch beschützen und auf eurem geistigen Pfade führen, hin zur Erleuchtung und zu ewiger Freiheit.

(Kurze Pause. Der Gruppenleiter sendet gedanklich die gesammelte Energie zum Kraftfeld über dem Ort des Treffens. Dann löscht er die Kerzen, beginnend mit der rosa Kerze, anschließend die gelbe und blaue.)

Spielt passende Musik um die Schwingung aufrecht zu erhalten.

Lektion 10

DER DRITTE STRAHL

FEIERLICHES ENTZÜNDEN DER KERZEN (Altardienst)

Nach Begrüßung der Teilnehmer durch den Gruppenleiter und begleitet von passender Musik, wie z. B. „Bells of the Meadows", spricht der Akoluth (Altardiener) oder Gruppenleiter die folgende Invokation:

SEI GEGRÜSST, Du All-erfüllendes, All-durchdringendes Licht des Universums, Du Urquell des Lebens, „I AM." Indem wir jetzt diese drei Flammen entzünden als Symbol für die dreifältige Aktivität des Lebens, verneigen wir uns vor dem Licht des Lebens:

Den Vater (die blaue Kerze entzünden),
Den Sohn (die goldene / gelbe Kerze entzünden),
Und den Heiligen Geist (die rosa Kerze entzünden).

Geliebte I AM Gegenwart, komme nun und übernimm Deine rechtmäßige Autorität über die vier niederen Körper aller Deiner Kinder und zeige uns, wie wir in Demut und Ehrfurcht die vollkommen harmonische Aktivität von Liebe, Weisheit und Macht, die du bist, in unserem Leben verwirklichen können.

Hilf uns, vollkommene Harmonie, Gesundheit und Wohlstand zu erreichen und aufrecht zu erhalten. Laßt den göttlichen Plan durch jedes Lebewesen, das diesem Planeten angehört, verwirklicht werden.

Oh Erhabenes Höchstes Licht, wir erkennen Dich an in allem Leben und unser innigster Dank gilt Dir, den glorreichen Kosmischen und Aufgestiegenen Wesen, sowie den herrlichen Engelscharen. Während wir unsere Anrufungen vorbringen, bitten wir Euch, die Energien zu verstärken,

welche wir in dieser Zusammenkunft freisetzen, und mögen dieses Licht und die Lehren der Großen Weißen Bruderschaft sich immer weiter ausbreiten, beständig die Grenzen Deines Königreiches ausdehnend, in Erfüllung Deines Willens, „I AM"!

(kleine Pause)

INVOKATION (die Gruppe steht)

Gruppenleiter: Geliebte mächtige siegreiche Gott-Gegenwart, Du Urquell, der Du in jedem unserer Herzen verankert bist, wir lieben und verehren Dich. Wir erkennen Dich an als den Ursprung und Geber allen Lebens – unserem Leben, unserer Intelligenz und unserer körperlichen Substanz!

Wir rufen Euch an, geliebter Erzengel Michael, Erzengel Uriel und alle Aufgestiegenen Wesen des Dritten Strahls, insbesondere Erzengel Chamuel, Elohim Orion und den Aufgestiegenen Meister Paul, den Venezianer.

Während unsere tiefste Liebe und Dankbarkeit zu der Schar der Aufgestiegenen Lichtwesen strömt, die uns dieses Wissen gaben, laßt die Rosa Flamme der Liebe, Harmonie und Toleranz durch und um uns lodern und für immer aufrechterhalten bleiben.

Hüllt uns ein in das Licht, die Liebe und die Kraft des siegreichen Vollbringens. Schützt und behütet uns, führt und leitet uns und helft uns, die Erleuchtung durch Wahrheit zu finden, die uns frei macht!

ÜBERBLICK ÜBER DIE LEKTION

Diese Lektion befaßt sich mit den schöpferischen Kräften Gottes im Dritten Strahl.

Hauptfunktionen des Dritten Strahls: Die göttlichen Ideen, die durch den Ersten Strahl entstehen und unter Einfluß des Zweiten Strahls Einzelheiten annehmen, werden hier durch die lebensspendende Essenz der Liebe vitalisiert. Ohne die verbindende Kraft der Liebe, der Kohäsionskraft des Universums, sind keine Manifestationen möglich.

Andere göttliche Qualitäten, die im Dritten Strahl enthalten sind: Toleranz, Harmonie und Dankbarkeit.

Farbe des Dritten Strahls: Rosa

Hauptrepräsentanten dieses Strahls: Erzengel Chamuel, Elohim Orion und Paul, der Venezianer (Chohan).

Bevor ihr mit dieser Lektion beginnt, betrachtet das Bild von Paul, dem Venezianer, und bittet um das angesammelte Momentum seiner Meisterschaft über Energie und Schwingung.

DER DRITTE STRAHL – DER MAGNETISCHE ROSA STRAHL

Der Dritte Strahl beinhaltet die magnetische Kraft von Gottes Rosa Flamme der Liebe, der Aktivität, die die göttlichen Ideen verbindet und sie in eine physische Form überführt. Es ist die Essenz der göttlichen Liebe, die tatsächlich alle Formen zusammenhält. Ohne diese Liebe würden tatsächlich die Atome, die Bausteine der physischen Formen, auseinanderfliegen.

Der Erste Strahl repräsentiert den Willen Gottes, der Zweite Strahl die Weisheit Gottes und der Dritte Strahl die magnetisch-anziehende Liebe Gottes. Somit vollendet er das Wirken der Unsterblichen Dreifältigen Flamme, die durch ihr Vorhandensein in jedem menschlichen Herzen aus dem Menschen ein göttliches Wesen mit schöpferischen Fähigkeiten – nach dem Vorbilde Gottes – macht. Diese Dreifältige Flamme wird auch „Flamme der Freiheit" genannt.

Toleranz und Harmonie sind weitere Eigenschaften des Dritten Strahls; denn wenn die Erscheinungen der äußeren Welt dem göttlichen Plan entsprechend umgewandelt werden – ganz gleich, ob es sich dabei um Menschen, Orte oder Nationen handelt – ist es besser für alle Beteiligten, wenn diese Veränderungen auf der Basis gegenseitiger Achtung der Gefühle zustande kommen. Dieser große Strahl ist der Prozeß, der solch schöpferisches Schaffen ermöglicht.

In der Dreifältigen Flamme im Herzen jedes Menschen ist der göttliche Plan enthalten, der allem Leben signalisiert, daß Gott, die I AM Gegenwart, durch jeden einzelnen Menschen eine ganz besondere Aktivität zu entfalten sucht – daß jeder Lebensstrom eine ganz spezielle Eigenschaft und Kraft zum Guten in seinem Leben zum Ausdruck bringen möchte. So kommt es, daß d*ie Bruderschaft des Dritten Strahls jedem Mann, jeder Frau und jedem Kind hilft, den eigenen göttlichen Plan zu erfüllen.*

DER UMGANG MIT DER ROSA FLAMME

Die Anrufung der Rosa Flamme der Liebe ist wirklich eine der praktischsten Methoden, um in unserer Welt Erfolge zu erzielen, besonders wenn zwischenmenschliche Beziehungen irgendwie blockiert zu sein scheinen. ALLES reagiert auf die Liebe und den Frieden der Rosa Flamme.

Experimentiert mit der Rosa Flamme und laßt sie durch jede Zelle und jedes Organ eures physischen Körpers lodern. Visualisiert diese Aktivität, wenn ihr sie durch euer Gehirn und eure Gedankenstrukturen strömen laßt. Füllt eure Gefühle mit ihrer Essenz auf und beobachtet, wie sie zu einem Magnet wird, der Menschen und Dinge in eure Welt zieht, die an ihrem Segen teilhaben möchten.

Segnet mit ihr alles, womit ihr in Berührung kommt und alles, was nicht die Harmonie oder Vollkommenheit auszustrahlen scheint, die ihr euch wünscht. Wie „Öl auf aufgewühltem Gewässer" schafft sie Harmonie und Vollkommenheit in Situationen, in denen sich Unvollkommenheit breit zu machen schien. Ruft die Hohen Wesen an, die auf diesem Strahl dienen, bittet sie, euch durch die Kraft ihrer Liebe zu stärken, und beobachtet dann die Vollkommenheit, die ihr damit in euer Leben hineinzieht. Es gibt nichts, was dieser Rosa Flamme der Anbetung und Verehrung gleich kommt.

DANKBARKEIT

Einer der schnellsten Wege, die göttlichen Kräfte, die in jedem Herzen ruhen, freizusetzen, IST TIEFE, AUFRICHTIGE DANKBARKEIT für das Leben und die vielen Segnungen, die ihr jetzt genießt, zu empfinden. Ihr werdet überrascht sein, wie „reich" ihr seid, wenn ihr euch die Zeit nehmt, alles Gute, das jetzt euer Leben füllt, einmal aufzuzählen. Dankbarkeit bewirkt, daß das, wofür ihr dankbar seid, größer wird und daß sich seine Segnungen für euch verdoppeln, so daß eure Dankbarkeit aus ursprünglich einer Segnung zwei werden läßt!

Dankbarkeit ist wahrlich ein Energiestrom, der mit einem Segen von euch ausgeht. Da alles Leben den Wunsch hat, geliebt zu werden, läßt eure Dankbarkeit mehr und mehr Intelligenzen aus allen Lebensbereichen zu euch eilen, um durch eure Dankbarkeit gesegnet zu werden und vorübergehend von der Last der Disharmonie, unter der sie stehen, befreit zu werden. Das Fehlen von Dankbarkeit für das Gute, das im Augenblick erfahren wurde, hat bewirkt, daß sich auch für ernsthafte Schüler manche Türen nicht öffneten und daß sie die wachsende Fülle an Wohltaten, die sie sich wünschten und erwarteten, nicht erhielten. FÜR DANKBARKEIT UND LIEBE GIBT ES KEINEN ERSATZ!

ANSPRACHE VON LORD MAITREYA

Geliebte und gesegnete Geistfunken Gottes, wißt ihr, wie sehr ihr geliebt werdet? Habt ihr euch auf eurer langen und mühseligen Reise durch die Welt der Formen je Gedanken gemacht über die Intensität und das Maß an Liebe, das in euren individuellen Lebensstrom investiert wurde?

Von dem Augenblick an, als ihr als unschuldige kleine Geistfunken aus dem Herzen des Universalen Vater-Mutter-Gottes hervorgerufen wurdet, von diesem besonderen Moment der Individualisierung an, hat Liebe euch erhalten!

Liebe hat für euch aus dem wunderbaren Lichtkörper Gottes die elektronische Form eurer eigenen I AM Gegenwart erschaffen!

Liebe hat jene Substanz aus dem Elementarreich herangezogen, aus der euch ein Gefühlskörper geformt wurde, mit dem ihr die wunderbare Natur Gottes erfühlen könnt und mit dem ihr Liebe, Harmonie, Schönheit und jedes andere verwandte Gefühl empfindet.

Liebe hat auch für euch aus der Elementarsubstanz einen Gedankenkörper gebildet, mit deren Hilfe ihr die Ideen aus der universellen Quelle empfangen und euch eine eigene Welt erschaffen könnt.

Liebe hat einen Ätherkörper für euch erschaffen, in dem ihr eure Erfahrungen im Umgang mit Energie und Schwingung speichern könnt – und in diesen Ätherkörper eure Meisterschaft des Lichtes einbauen könnt.

Liebe hat aus den physischen Atomen dieser Welt diesen physischen Körper gebildet, den ihr bewohnt. All diese elektronische Lichtsubstanz ist intelligente Energie und wunderschöne freie Lebensessenz, die sich entschieden hat, auf das Glück in den Sphären und Ebenen der Vollkommenheit zu verzichten zugunsten der fragwürdigen Gelegenheit, euch zu dienen.

Liebe aus dem Herzen des Naturreiches formte für euch diesen speziellen Planeten – einen Boden für eure Füße, frisches Wasser, um eure körperliche Hülle zu erfrischen, wunderbare reine Luft, die ihr in Fülle einatmet, das herrliche Firmament mit dem blauen Tageshimmel und dem sternenübersäten Mantel Gottes bei Nacht, um euch Ruhe und Frieden und die Gelegenheit zu geben, euch auf eurer Reise durch die physische Erfahrungswelt zu erholen.

Liebe zog durch Maha Chohan die winzigen Elementarformen aus dem Naturreich heran und lehrte sie, sich in Blumen, Bäumen, Sträuchern, Gras und besonders in den natürlichen Substanzen zu verkörpern, die eure physischen Körper ernähren und erhalten.

Liebe war die Anziehungskraft für das Herz von Sanat Kumara, der seine Lieben auf der Venus verließ und die Erde zu seinem selbsterwählten Exil machte, damit dieser Planet erhalten bleiben konnte und die Menschen sich nicht als Waisen ohne planetarische Heimat wiederfänden.

Liebe aus dem Herzen Sanat Kumaras rief den großen Gautama Buddha und mich herbei, um ihm bei der Verwirklichung seines innigen Wunsches zu helfen, eine Hierarchie auszubilden, die die Menschen wieder die Kraft und Meisterschaft des Lebens innerhalb des Heiligen Feuers lehrt.

All dies hat Liebe für euch bewirkt!

Könnt ihr euch vorstellen, was es den Aufgestiegenen Meistern bedeutet, wenn sie eine Gruppe unaufgestiegener Wesen zusammen stehen sehen, die ihren Namen rufen und Lieder singen, deren Worte sie mit der Liebe ihrer Herzen erfüllen – wenn seit unzähligen Jahrhunderten die Menschheit auf Erden nicht einmal mehr wußte, daß Aufgestiegene Meister existieren? Ihr erahnt noch wenig von der Kraft, die in diesem magnetischen Herzschlag liegt.

Die Liebe in euren Herzen zieht die Aufgestiegenen Meister herbei. Sie kommen zu euch aufgrund eurer Liebe, denn LIEBE IST EINE KRAFT, DIE VON AUFGESTIEGENEN WESEN, ENGELN ODER DEVAS NICHT IGNORIERT WERDEN KANN.

Musikalisches Zwischenspiel

Spielt die Melodie: „Ah, Sweet Mystery of Life" (Erkennungsmelodie von Lord Maitreya, dem Herrn der Liebe, früher Weltlehrer, jetzt der Buddha).

ANSPRACHE VON ERZENGEL MICHAEL

Ich komme, um euch von der Kraft und positiven Energie zu überzeugen, die in wahrer göttlicher Liebe liegt. Eine immense Liebe für eine Evolution ist erforderlich, um sich jeweils zweiundzwanzig von vierundzwanzig Stunden in den psychischen und astralen Bereichen aufzuhalten, wie ich und meine Legionen es tun.

Bei allen sieben Strahlen steht der Aspekt der Liebe hinter jedem anderen schöpferischen Ausdruck. Der Aspekt der Liebe ist aktiv in der Strahlung der Goldenen Flamme, bei der das Lehren, das Verstehen und das Erwecken des Interesses der Menschen durch Liebe so wichtig ist, bis sie an den Punkt kommen, an dem sie selbst die Gesetze des Lebens kennenlernen und anwenden wollen.

Liebe wird hauptsächlich und am umfangreichsten durch den Dritten Strahl verdeutlicht, mit Hilfe dessen man Toleranz und Verständnis allem Leben gegenüber entwickelt. Sie ist auch mit Sicherheit beim Vierten Strahl vorhanden, bei dem die Reinheit der Gefühle, der Gedanken, der ätherischen und physischen Substanz entscheidend ist für eine gute Verbindung zu Gott und die Verwirklichung des göttlichen Planes. Es ist wiederum Liebe, die in der Konzentration (einer der Aktivitäten des Fünften Strahls) zum Ausdruck kommt, denn das, was ihr mit Liebe tut, gelingt. Selbst in eurer äußeren Welt ist dies eine bekannte Tatsache. Wenn eure Liebe stark genug ist, werdet ihr auch eine Tat beenden, ganz gleich, welche persönlichen Unbequemlichkeiten damit für euch verbunden sind.

Liebe kommt auch im Sechsten Strahl in dem Wunsch zum Ausdruck, den Menschen, Verstorbenen und gefangenen Elementarwesen zu dienen.

Liebe ist mit Sicherheit ein Aspekt des Siebten Strahls, denn könnte es eine größere Liebe geben, als die, die in den Anrufungen um Hilfe aus himmlischen Höhen, dem Bereich der Aufgestiegenen Meister und aus dem Reich der Engel für eine notleidende Menschheit zum Ausdruck kommt!

Betrachtet also Liebe niemals als etwas Negatives – sie ist immer ein positiver Aspekt. Sie kann auch z.B. in kraftvollem Vertrauen, Glauben und Schutz zum Ausdruck kommen. Sie mag ihren Ausdruck finden in Erleuchtung und Verständnis, in wunderbarer Toleranz oder im Geist des Asketen. Auch in der Konzentration eurer Energien auf etwas, was dem ganzen Universum zugute kommt, mag sie zum Ausdruck kommen, desgleichen im Dienen an leidenden Menschen in euren Krankenhäusern und Anstalten. Sie kann hinter dem Gebrauch der Kraft der Anrufungen stecken, die ihr mit vollem Einsatz sprecht und – wie ein Chemiker im Labor – eine Aktivität mit einer anderen vereint, bis ihr die göttliche Alchemie des Violetten Feuers erreicht habt. Es gibt keine größere Liebe im Universum als die, die zum Ausdruck kommt, wenn ein Mann oder eine Frau diese perfekte Alchemie und das dahintersteckende Wissen erreicht hat und durch sein eigenes Beispiel – zumindest der Schar der Schüler – das Wissen vom Reinigenden Violetten Feuer vermitteln kann.

PAUL, DER VENEZIANER, CHOHAN DES DRITTEN STRAHLS

Paul der Venezianer war zuletzt inkarniert als der italienische Maler Paolo Veronese (1528 – 1588), einer der führenden Maler der venezianischen Schule des 16. Jahrhunderts. Seine berühmtesten Werke sind riesengroße Gemälde mit allegorischen, biblischen oder historischen Inhalten.

Pauls Wohnstätte (Retreat) ist der Tempel der Freiheit in der Nähe von Marseille. Als seine Erkennungsmelodie kann das Lied „I Love You Truly" von Carrie Jacobs Bond gebraucht werden. Die Erkennungsmelodie des Retreats ist in der Nationalhymne Frankreichs, der Marseillaise, enthalten.

In der schönen umfangreichen Halle des Retreats hängt ein wunderbares Gemälde, das die Heilige Dreifältigkeit darstellt. Dieses Gemälde wurde von Paolo Veronese in seiner letzten Inkarnation begonnen und dann später nach seinem Aufstieg von ihm vollendet. Es ist deshalb außergewöhnlich, weil es die Schwingungsaktivitäten beider Tätigkeitsbereiche in sich vereint. Der Retreat bewahrt die Flamme der Freiheit, die von Überlebenden des Untergangs von Atlantis in einem Boot hierher gebracht wurde, damit die Liebe zur Freiheit in den Herzen der Menschen – auch künftiger Generationen – erhalten bleiben möge.

Dieses Schloß ist ein wunderschönes Heim und enthält erlesene Kunstwerke der Malerei, Bildhauerei und jeder anderen Kulturform, die von den Menschen im Laufe der Jahrhunderte entwickelt wurde. Eine verschwenderische Fülle von Rosen aller Arten schmückt die Gärten in klassischem französischen Stil.

Das besondere Anliegen des Chohans des Dritten Strahls ist die Förderung der Talente – latent vorhanden oder bereits entwickelt – in jedem einzelnen der Lebensströme, die alle zu Beginn ihrer Existenz mit einer ganz besonderen Gabe für die Erde auf die Reise geschickt wurden. Die Mitglieder der Bruderschaft unter der Leitung dieses Chohans unterstützen, ermutigen und schützen nicht nur das Genie auf der höchsten Sprosse der Leiter sondern auch den bescheidenen Kandidaten, der gerade seinen Fuß auf die erste Sprosse der Leiter zur Vollkommenheit gesetzt hat.

LOVELY VENETIAN

(A song dedicated to Paul the Venetian)

Lovely Venetian! Brother of light,
Bring us love's beauty from heaven's height!
Gentle and patient, understanding too,
Beautiful Venetian, WE LOVE YOU!

Chateau de Liberte, home of our Paul—
Guardian of Liberty's Flame that frees all;
In every heart, that flame—pink, blue and gold—
Gratefully adores you, friend of old.

Life's blessed purpose, let all now see!
„Our Brother's Keeper," help all to be;
Where shadows darken, love is needed most—
Help us there to give it, heavenly host!

Lovely Venetian, make us firm and strong,
Wielding love's power, righting all that's wrong.
For your love's service, freely given all,
God's great gifts of glory, NOW WE CALL.

Goddess of Liberty, bless your dear son,
Our friend and brother—God's holy one!
Expand his power, every blessed day,
We love our Venetian, God's Third Ray!

Melody: „I Love You Truly" (by Carrie Jacobs Bond)
(Key of B flat)

GELIEBTER VENEZIANER

Ein Lied, dem geliebten Venezianer gewidmet
(Übersetzung)

Geliebter Venezianer, Bruder im Licht,
bring' uns der Liebe Schönheit, aus himmlischen Höh'n!
Sanft und geduldig, verständnisvoll auch,
schöner Venezianer, wir lieben dich!

Chateau de Liberté, Heim unseres Paul,
Hüter der Flamme, die alle befreit;
In jedem Herzen, die Flamme blau-rosa-gold,
verehrt dich, unser Freund, voll Dankbarkeit.

Laß alle erkennen, des Lebens Sinn!
„Unseres Bruder's Hüter", hilf uns zu sein!
Je dunkler die Schatten, umso mehr Liebe tut not
hilf uns freigebig spenden, himmlischer Gast!

Lieber Venezianer, mach' uns fest und stark,
daß wir Unrecht ausgleichen, durch der Liebe Kraft.
Um deinen Liebesdienst, allen frei gewährt,
Gottes große Gaben, bitten wir jetzt

Göttin der Freiheit, segne deinen Sohn,
unseren Freund und Bruder, den heiligen Paul!
Erweitere seine Macht, an jedem gesegneten Tag,
Wir lieben unseren Venezianer, Gottes Dritten Strahl!

(Melodie: „I love you truly", by Carrie Jacobs Bond)

BELOVED LIBERTY FLAME

O Sons of Light, awake to glory;
God's Legions bright now come again
To bring to Earth perfection's story—
The plan divine and goal of all men.
As they aspire, so the Christ takes command,
And God's great light will banish the shadows
That now enfold this planet 'round;
As man then bursts his bonds asunder,
The bells of freedom will resound.
Arise! To God now call
For peace and liberty!
This truth we know—
Light is supreme and master over all!

Melody: „The Marseillaise"

GELIEBTE FREIHEITSFLAMME
(Übersetzung)

Kinder des Lichts, erwacht, erwachet,
Legionen Gottes steh'n bereit,
den vollkomm'nen Plan zu offenbaren,
der Menschheit ew'ges Erdenziel.
Empor zu Gott und Christus befiehl!
Das große Licht sprenget die Nacht,
durch Schatten der Erde einst gebracht.
Der Mensch zerreißt die Ketten schnell,
horcht, Freiheitsglocken klingen hell!
Steht auf, verkündet laut:
Auf Gott sei nun gebaut!
Denn dies ist wahr:
Licht geht voran – und herrschet immerdar!

(Melodie: „Die Marseillaise")

ANSPRACHE VON PAUL DEM VENEZIANER

Die Wesen des Dritten Strahls sind besonders engagiert in der Entwicklung der Liebe. Mit Hilfe der Elohim, der Erzengel und der Chohans versuchen sie, in das Bewußtsein und die Gefühlswelt – zuerst der Schüler und dann aller Menschen – eine Liebe zu Gott zu leiten, die ein starkes Element des Glaubens enthält, daß durch die Kraft Gottes Gefühle, Geist, Körper und Erinnerungen in ihren Zustand der Vollkommenheit zurückgeführt werden können.

Erforscht euch gründlich und findet heraus, wieviel Vertrauen ihr in die allumfassende Kraft der Dreifältigen Flamme Gottes in eurer Welt setzt und wieviel Einfluß ihr den flüchtigen Phänomenen der Erscheinungswelt zugesteht. Ihr müßt dahin kommen, daß ihr die ständige Gegenwart Gottes in der Dreifältigen Flamme, die euer Herz schlagen läßt, tief in eure Gefühle aufnehmt. Es reicht nicht, dies nur verstandesmäßig zu akzeptieren, denn nur wenn eure Gefühlswelt die aktive Christus-Gegenwart freudig akzeptiert und dieser Gegenwart ebenso freudig volle Autorität gebt, durch eure verschiedenen Körper zu handeln, werdet ihr entdecken, daß ihr Meister seid – zuerst über eure Aura, und dann werdet ihr imstande sein, eure Mitmenschen freudig zu unterstützen.

Meine Aufgabe ist stets gewesen, die Liebe eines Menschen für einen anderen, einer Rasse für eine andere oder einer Religion für eine andere zu entwickeln. Und ich sage euch, dies ist meiner Meinung nach die schwierigste aller Aufgaben, die mir oder irgendeinem der Chohans der Strahlen übertragen wurden, denn jeder Mensch ist seiner

Geburt, seiner Rasse, seinem Hintergrund und seiner Ausbildung entsprechend so fest verhaftet in bestimmten, selbstgerecht akzeptierten Grundsätzen (wovon einige teilweise, andere absolut nicht wahr sind), daß es fast unmöglich ist, ihn von diesen abzubringen.

Eine Weltbruderschaft kann nur entstehen, wenn ein aufrichtiges Interesse für die gesamte Menschheit und eine intensive Hingabe an sie und an das Tier- und Elementarreich vorhanden ist. Liebe im Abstrakten ist relativ leicht zu erreichen; Liebe zu den Kosmischen Wesen, den Meistern, den Engeln und zum Höchsten Wesen zu empfinden, erscheint unproblematisch, weil es den Störfaktor der persönlichen Aura nicht gibt, der die unbeherrschten Energien eurer eigenen Welt irritiert.

Ihr, liebe Schüler, müßt die Fähigkeit kultivieren, euren Mitmenschen Liebe und Verständnis entgegenzubringen. Wenige sind bisher in eurem Blickfeld aufgetaucht, die gewisse Gaben und Talente besitzen, die mit euren festgefügten Vorstellungen in Konflikt stehen. Sowie ihr euer Gesichtsfeld weitet und entwickelt, werden viele kommen. Ihr werdet mit Moslems, Hindus, Buddhisten, Rabbinern und Christen zusammentreffen, die alle ihren eigenen Vorstellungen von Göttlichkeit anhängen, sich fest an das klammern, was war und dies nicht loslassen können, bis sie Vertrauen zu euch, zu eurer Arbeit und eurem Beispiel entwikkeln und durch sie erkennen, daß ihr eine bessere Art zu leben habt. EUCH, MEINEN FREUNDEN ÜBERTRAGE ICH DIE AUFGABE, TOLERANZ EINFLIESSEN ZU LASSEN – IN EURE GEFÜHLE, EUREN GEIST, EURE ÄTHERHÜLLEN, EURE PHYSI-

SCHEN KÖRPER, IN EURE GESTEN, WORTE UND TATEN, BIS DIE GANZE MENSCHHEIT SAGEN KANN, DASS SIE BEI DEN SCHÜLERN VON SAINT GERMAIN EINE WÄRME, OFFENHEIT UND EIN VERSTÄNDNIS GEFUNDEN HABEN, DIE SIE ERMUTIGEN, IN DEN WIRKKREIS DIESER AKTIVITÄT ZU KOMMEN, wo auch sie ihre Seelen von alten Fesseln befreien und ihren göttlichen Plan in Frieden und Harmonie verwirklichen können.

Wann immer ein Gebet aus tiefstem Herzen aufsteigt – entweder still oder hörbar – folgt auf diesen Ruf stets eine Antwort aus den höheren Oktaven, – wobei seine Wirksamkeit von der Intensität der Gefühle des Betenden abhängt, – sei es eine Mutter, die um Schutz für ihre Lieben bittet, oder ein kleines Kind, das schreit, weil es in Not ist. Es gibt Hohe Wesen, die Schweigenden Wächter, deren Aufgabe es ist, auf diese Gebetskraft zu achten, und wo immer sie diese von der Erde aufsteigen sehen, nehmen sie sie auf und verstärken die schwachen Gebete mit ihrer eigenen Kraft – ehe sie sie nach oben weiterleiten. Eure starken Anrufungen hingegen können direkt durchdringen bis zur lebendigen Gegenwart der Wesen, an die sie gerichtet sind. Überall dort, wo Menschen sich in Gruppen oder einzeln ins Gebet versenken, sind Engel anwesend. Wenn eure Ohren auf die feinen inneren Schwingungen eingestellt wären, könntet ihr tatsächlich hören, wie sie von Norden, Süden, Osten und Westen zusammenströmen, um durch ihre Gegenwart euren Anrufungen ihre Kraft hinzuzufügen und den Segen zu verbreiten, der als Antwort auf eure Bitten für die Erde gesandt wird.

CHAMUEL, ERZENGEL DER GOTTESVEREHRUNG UND ANBETUNG

Der geliebte Chamuel ist der Erzengel der Liebe, Hingabe und Anbetung Gottes und seiner Güte, wie sie den Menschen gegenüber zum Ausdruck kommt. Er und seine göttliche Ergänzung, die geliebte Charity, haben sich der Aufgabe gewidmet, in dem äußeren Bewußtsein der Menschen ein wahres Gefühl der Dankbarkeit und Anbetung ihres Ursprungs – Gott – zu entwickeln und die Menschheit zu ermutigen, die göttliche Flamme, die in jedem Herzen geborgen liegt, zu entfalten.

Erzengel Chamuel leistet seinen besonderen Dienst auf dem Dritten Strahl, indem er in den Gefühlen des einzelnen Menschen eine freudige Annahme der Allgegenwart Gottes weckt. Er ist ein Wesen von überirdischem Licht, das seit unendlichen Zeiten auf inneren Ebenen die Schar der Engel darin unterweist, wie sie durch Gebet und Hingabe die Schwingung ihrer eigenen gesegneten Flammen zum Lobe Gottes erhöhen können. Er dient auch in den Tempeln der Elementarwesen, wo er diese lehrt, ihr Bewußtsein zu erheben im Lob und in der Anbetung Gottes, der sie erschaffen hat.

Auf inneren Ebenen haben Erzengel Chamuel und die geliebte Charity einen prächtigen Tempel mit rundem Grundriß, von einer goldenen Kuppel überwölbt, die mit rosa Rubinen geschmückt ist. In dem Tempel lodert hell die Flamme der Anbetung und Verehrung Gottes und seiner Boten. Diese Flamme wird von Lord Chamuel und seinen Legionen zu allen unaufgestiegenen Wesen gelenkt, um sie zur Entwicklung ihres eigenen göttlichen Plans zu ermutigen.

Alle Gott-Tugenden haben Farbe und Klang. Wahre Dankbarkeit, die aus dem Herzen eines Menschen aufsteigt, ist rosa. Wenn diese Dankbarkeit anderen Menschen gilt, erscheint sie in einem sanften Muschelrosa. Wenn Dankbarkeit hingegen in bewußter Anbetung und Lobpreisung zu Gott und den Göttlichen Wesen, die ihm dienen, strömt, ist sie von einem tieferen Rosa, und im wahrsten Sinne des Wortes öffnen sich die Tore des Himmels. Auf dem Strahl der Dankbarkeit und des Lobes für Gott, fließt mehr und mehr dieser wunderbaren rosa Essenz in die Welt dessen zurück, der solchen Segen aussandte.

Die göttliche Liebe, die von dem Erzengel Chamuel ausgeht, ist die Liebe, die die Kraft der Dankbarkeit in den Herzen der Menschen, Engel und Elementarwesen weckt; sie erweckt ein Gefühl der Verehrung für das Leben und ein Verständnis der Wohltätigkeit der großen Quelle allen Seins und ihrer dienenden Boten. Diese Liebe weckt die schlafende göttliche Natur des Schülers und läßt in ihm ein bewußtes Gefühl der Dankbarkeit für die erhaltenen Segnungen entstehen.

Viele Jahrhunderte lang war das Wissen um den Erzengel Chamuel für das äußere Bewußtsein der Massen unerreichbar; sie hatten daher auch keinen Zugang zu seiner Gegenwart. Heute jedoch können die Schüler der Lehre der „Bridge to Freedom" bewußt Kontakt aufnehmen mit der Welt dieses mächtigen Erzengels und durch ihn die große Liebe, die Gott seiner Schöpfung entgegenbringt, empfinden. Dieses Gefühl fließt aus dem Herzen Erzengel Chamuels im dem Augenblick, in dem ihr eure Gedanken auf ihn richtet. Selbst wenn ihr euch an einem Platz oder in einer Situation befindet, in der eure Lippen nicht diese Worte formen können, verschmilzt eure Welt mit der von Chamuel im gleichen Moment, in dem ihr seinen Namen anruft und um seine Hilfe bittet.

Wir empfehlen euch, die ihr Unterstützung braucht, eine enge Beziehung zu Chamuel aufzubauen. Euer eigener Glaube, eure eigenen Gefühle werden euch beweisen, welch kräftige Unterstützung euch die Anrufung seiner Gegenwart in eurer Welt bringen kann.

ANSPRACHE VON ERZENGEL CHAMUEL

Ich bin der Erzengel der Anbetung, derjenige, der den mächtigen Göttlichen Erlaß verkörpert: „Du sollst Gott, Deinen Herrn, von ganzem Herzen lieben, mit all deiner Seele, mit all deinem Geist!"

Ich bringe dieser Flamme (welche ihr innerhalb des Kelches eures Herzen tragt) die Erinnerung daran zurück, daß ihre innerste Natur die Anbetung und Verehrung ihrer Göttlichen Quelle ist! Ihr Weg zurück nach Hause in die Einheit mit Gott vollzieht sich durch das Verwirklichen ihrer Göttlichen Natur. „Oh, Unsterbliche Flamme des Lebens in diesen Herzen! Erhebe dich! Laß das Lied der Danksagung und des Lobpreises, die unsterbliche Dankbarkeit an den Ewigen Vater des Lichtes durch den Tempel, worin du gegenwärtig wohnst, klingen."

Die Anbetungsflamme ist praktisch und nützlich. Sie ist eine der allernützlichsten Aktivitäten, welche innerhalb des Herzens, der Seele und des Geistes der in der Begrenzung Gefangenen hervorgerufen und entfaltet werden kann, denn sie ist eine *tatsächliche Behandlung* der Gefühle als auch des Verstandes und *eine konkrete Therapie für die physische Form.* Wahre Anbetung zu Gott ist frei von jeder Selbstsucht. Sie ist ein absolutes Losgelöstsein, ein sich in der Herzensgüte Gottes sonnen und Ihn um Seiner Selbst willen zu lieben – oder irgendein großes Gottwesen zu lieben, welches einen speziellen Dienst am Leben repräsentiert. Die Anbetungsflamme ist daher völlig frei von Anspannung, die manchmal zufolge des menschlichen Willens Gebete und Anrufungen begleitet.

Anbetung ist lediglich ein Fortströmen eures Lebens und all der Dankbarkeit, die euer Herz hervorbringen kann – an das Herz der Sonne, an das Herz eurer Gott-Gegenwart, an das Herz von Saint Germain oder an das Herz jedes anderen Göttlich-freien Wesens. Ich fordere jedes Individuum in Depression, jedes Individuum in Schmerzen, jedes Individuum in Ketten jeglicher Art auf, die Flamme der Anbetung, welche die wahre Natur seines eigenen Wesens ist, zu benützen. Wenn sie in der Benutzung dieser Flamme nicht *Freiheit* wahrnehmen und fühlen, dann – wahrlich – werden sich die Sonne und die Planeten selbst nicht mehr länger auf ihren festgelegten Bahnen bewegen!

Das, worauf ihr euer Leben richtet, wächst, vervielfältigt sich, reift und entwickelt sich, ob es nun ein Gartenbeet oder die Ernte einer Landwirtschaft betrifft, oder ob es sich um eine Freundschaft, menschlich oder göttlich, handelt. Das Ausströmen der Dankbarkeit eurer Liebe und eures Lebens läßt die Dinge wachsen und vervielfacht sie.

Oh, die Glückseligkeit, die eure Körper fühlen werden und die Leichtigkeit, die ihr erfahren werdet, wenn ihr die Anzeichen des Alterns, der Sorgen und der Beschwerden fallen laßt! Indem ihr lernt, euch innerhalb dieser Rosa Flamme der Dankbarkeit für das Leben zu entspannen, wird die Sanftheit die Falten in eurem Gesicht entfernen und Liebe wird den strengen Blick der Augen ersetzen. All diese Segnungen ergeben sich durch die Verwendung dieser Flamme der Dankbarkeit und Anbetung, deren Geistiges Wesen und Herz mein geliebter Archai (Zwillingsstrahl) Charity (Barmherzigkeit) repräsentiert.

Ich fordere euch auf! Laßt meine Flamme der Anbetung *durch all eure Lebensumstände lodern, um eure Versorgung mit allem Notwendigen zu verdoppeln, um euren Enthusiasmus zu verdoppeln, um eure Fähigkeit zu dienen und euer Verlangen zu dienen, zu verdoppeln, um all eure Aktivitäten zu verdreifachen!* Es kann vollbracht werden! TATEN, nicht Worte sind die Losung des Tages!

Erinnert euch daran, das Gute zu vergrößern und zu verstärken! Nehmt das Geld in eurer Brieftasche und laßt die Anbetungsflamme hindurchströmen! Segnet es und vermehrt es und seht, was die Verwendung dieser Flamme für euch vollbringen wird! Ich fordere euch auf, Kinder meines Herzens, dies zu versuchen!

Wir leben in einer Zeit besonderer Gelegenheit – nicht nur der Gelegenheit, Dinge in Ordnung zu bringen, sondern auch der Gelegenheit, die Sache der Freiheit und ihre großartigen Auswirkungen quer über das Antlitz des Planeten in das Bewußtsein der Menschen zu tragen. So wird die Erde von Beschränkungen jeglicher Art befreit werden. Mögen vom Herzen eines jeden Schülers, der den Segen der Gegenwart von Saint Germain erfahren hat, nie mehr Schwingungen ausgehen, die geringer sind als die der Freude, der Fröhlichkeit, der Lobpreisung, der Danksagung und der Anbetung für den Gott des Lebens und seine Güte. Eine derart aufrechterhaltene Haltung der Anbetung ist das Bewußtsein des Himmlischen Königreiches, das nichts anderes kennt als Lobpreisung, Dankbarkeit und Danksagung und Verehrung des „All-ewigen Gott des Lebens." Diesem Bewußtsein sind Depression, Verurteilung oder Entmutigung völlig fremd.

Der hauptsächliche Unterschied zwischen dem Reich des Himmels und der Sphäre, in welcher ihr Kinder der Erde gegenwärtig verweilt, besteht darin, daß das Bewußtsein im Himmel nichts anerkennt, das weniger als Lobpreis, Dankbarkeit und Verehrung für das Leben darstellt. Es kennt weder Verurteilung, Entmutigung, noch Niedergeschlagenheit. Es befindet sich in einem beständigen Rhythmus der Dankbarkeit und immerwährend sich ausdehnender Anbetung für all die Geschenke und Kräfte, die von Gott herrühren, die in großer, unbegrenzter Fülle hervorströmen – so viel, daß nicht einmal das Bewußtsein aller Göttlich-freien Wesen zusammengenommen *all die Ideen* erfassen könnte, die vom Verstand und vom Herzen des Vaters *auch nur in einer Minute* freigesetzt werden.

Der Mensch, der es lernt, die Flamme die dreifältige Flamme des Lebens zu verehren, allenorts ihre Gegenwart anzuerkennen, kann sich in der Welt bewegen und wird finden, daß alles Leben ihm Freund ist, denn die intelligente Gegenwart im Herzen aller Menschen reagiert augenblicklich auf den Gruß, wenn dieser von den Gefühlen und nicht nur von den Lippen ausgeht.

Meine Lieben, die Flamme der Anbetung wird – wenn ihr sie auf das Gute richtet – in euren Händen zu einem praktischen Magneten, der alles Gute und Vollkommene in euer Leben ziehen wird, – WENN IHR VON IHR GEBRAUCH MACHT! Wir kommen immer und immer wieder zu euch und bringen euch den SCHLÜSSEL ZUR FREIHEIT; eure lieben Herzen reagieren darauf, doch sehr schnell fallt ihr in die jahrhundertealten Gewohnheiten zurück, und VERGESST, DIESE GABEN ZU BENUTZEN, die von uns gegeben werden, aber – wir dürfen euch daran erinnern – VON EUCH IN DER AUSSENWELT ANGEWENDET WERDEN MÜSSEN! Ich verlasse euch jetzt, eingehüllt in die FLAMME DER ANBETUNG UND VEREHRUNG GOTTES!

DER MÄCHTIGE ORION, ELOHIM DER GÖTTLICHEN LIEBE

Der Aspekt der göttlichen Liebe, welche die Ursache für das Entstehen eines jeden Planetensystems ist, ist die Kraft des großen, mächtigen Elohim Orion und seiner Göttlichen Ergänzung, der geliebten Angelika. Gruppen von Schülern haben diese Kraft durch Anrufungen herbeigerufen; diese Anrufungen entfernen die Massenansammlungen von mißqualifizierter Energie und damit den Kummer und das Leid in unserer Welt. Die universale Liebe, die auf diese Weise in Aktion versetzt wird, umschließt die Ursachen und Keime von Unvollkommenheiten mit der göttlichen Flamme und entfernt sie, bevor sie sich als Kummer oder Leid im Geist, Körper und in den äußeren Lebensumständen manifestieren können. Dies ist der Dienst des Elohim, aber er findet auf einer solch subtilen Ebene statt, daß die meisten Menschen davon nichts mitbekommen.

Es ist für den geliebten Orion wie auch für Angelika ein großes Anliegen, der Erde durch göttliche Liebe Frieden zu bringen. Ohne die reine göttliche Liebe, die vom Herzen eines Menschen ausstrahlt, kann sich kein dauerhafter Friede einstellen. Liebe an sich ist eine positive Kraft und keine negative Sentimentalität; ihre Strahlung weckt das warme Gefühl von gutem Willen gegenüber allem unglücklichen und unfreien Leben. Der göttliche Erlaß des himmlischen Vaters ist, daß die Menschen auf der Erde jetzt lernen einander zu lieben! LIEBE IST DIE VERBINDENDE KRAFT DES UNIVERSUMS, ganz gleich ob es sich um persönlichen Besitz oder planetarischen Frieden handelt.

ANSPRACHE DES GELIEBTEN ELOHIM ORION

Ich bin Orion, Elohim der Liebe – jener göttlichen Liebe, die die Ursache gewesen ist für das Entstehen jeder Sonne und jeder Galaxie in diesem Universum.

GÖTTLICHE LIEBE IST EINE POSITIVE UND KEINE NEGATIVE KRAFT. Ich komme auf Schwingen göttlicher Liebe in die Erdatmosphäre und bringe die gebündelte Flamme dieser Liebe mit mir. Diese Flamme ist die magnetisch anziehende, zusammenhaltende Kraft gewesen, die die Erde unter euren Füßen, die physischen Körper, in denen ihr lebt, und jede andere erschienene Manifestation entstehen ließ. Jede Form, an der ihr euch erfreut, wird zusammengehalten von der Flamme der Liebe; denn wenn göttliche Liebe (die Kohäsionskraft) aufhören würde zu existieren, würde alles im Universum in den ungeformten Zustand zurückkehren und wieder Teil der Ursubstanz des Lebens werden.

Könntet ihr mir nun bitte bewußt eure Aufmerksamkeit schenken? Wenn ihr irgendjemanden in diesem Erdenleben kennt, mit dem ihr nicht in vollkommener Harmonie seid, dann holt jetzt das Bild dieses Menschen bewußt vor euer geistiges Auge und erlaubt mir, euch mein kraftvolles Gefühl bedingungsloser Liebe und Vergebung diesem Menschen gegenüber zu vermitteln. Wenn ihr dies annehmt, werdet ihr vom Zurückschlagen der Energie jener früheren Fehler befreit, die ursächlich waren für die Entstehung der Feindschaft. Erfahrungen, die in physischer Verkörperung gemacht werden, gute wie schlechte, knüpfen Bindungen, die durch eure niederen Körper ausgeglichen werden müssen.

DIE SIEBEN SCHRITTE ZUR PRÄZIPITATION
(Ansprache von Elohim Orion)

Zuallererst erreichte uns – die wir alle als eine Einheit zusammenarbeiten – die Botschaft des mächtigen Herkules. Er sagte: „Ein neues System soll geboren werden, ein neues Göttliches Elternpaar hat den Entschluß gefaßt, ein Planetensystem zu erschaffen. Ich wurde aufgefordert, mitzuteilen, ob die sieben Elohim bereit seien, an der Durchführung dieses Planes mitzuarbeiten. Wollt ihr euch, geliebte Partner, an diesem Schöpfungsakt beteiligen?" Als Antwort eilte jeder herbei voller Liebe, Demut und Dankbarkeit für die Möglichkeit zu dienen. Jeder von uns sagte: *„Ich will!"* HERKULES als unser Sprecher schritt uns voran zum Thron von Helios und Vesta, gab unseren Entschluß bekannt und sagte: „Geliebte Göttliche Eltern, wir wollen euer Universum für euch erschaffen. Wie sieht euer Plan nun aus?"

Dann baten Helios und Vesta – voller WEISHEIT und Licht – den großen Elohim CASSIOPEA, seine Goldene Flamme durch den Körper des Schweigenden Wächters zu schicken, um somit das prachtvolle Muster für dieses Planetensystem zu enthüllen. Wir alle standen da und betrachteten es voller Interesse, Bewunderung und Liebe und sahen die Größe jedes Planeten und die Anzahl der Lebensströme, die auf ihm leben sollten. Voller LIEBE sahen wir, welche Hoffnungen die göttlichen Eltern für ihr Projekt hegten.

Mit der Aktivität meines Strahls (der göttliche Liebe) begann unser Dienst der Schöpfung. LIEBE, dieser universale Magnet, dem alles Leben gehorchen muß, zog auf meinen Befehl hin göttliche Ur-Energie aus ihrem Ruhezustand hervor. Und diese Ur-Energie formte sich gehorsam – dem Muster entsprechend, das wir im Herzen der Schweigenden Wächterin wahrnahmen. So gingen wir vor bei der Erschaffung eines jeden Planeten.

Die Aktivität des ELOHIM DER REINHEIT, des geliebten CLAIRE, bestand darin, das ursprüngliche göttliche Muster so rein zu bewahren, daß sich keine Veränderungen dieser Form – auch keine unbeabsichtigten – einschleichen konnten, die aus einer anderen Galaxie hätten kommen können, an deren Vollendung wir ungefähr gleichzeitig arbeiteten. Dieser geliebte Elohim hielt die Reinheit und Symmetrie des göttlichen Musters aufrecht in Demut diesen Hohen Wesen gegenüber, die beschlossen hatten, diese Schöpfung hervorzubringen.

Darauf folgte die KONZENTRATION der Energie des mächtigen VISTA (Cyclopea), die bewirkte, daß alle Elementarwesen, Engel und Formenerbauer ihre Energien und Talente zu einem Zeitpunkt um einen Planeten herum vereinigen konnten, als dieser gerade Form annahm.

Durch die anschließende Aktivität des ARKTURUS fand das Ausströmen der Energien von jedem Einzelnen von uns seinen RHYTHMUS. Dies ist einer der wichtigsten Aspekte im Schöpfungsprozeß, denn Rhythmus kräftigt und nährt die Form. In euren physischen Körpern bestimmt der Rhythmus eures Herzschlags und eures Atems die Wirksamkeit der physischen Gestalt. Bei eurer eigenen Präzipitation ist der Rhythmus, den ihr aufrecht erhaltet, ausschlaggebend für die Symmetrie, Schönheit, Genauigkeit und Vollkommenheit eures verwirklichten Plans.

Der Sechste Strahl, der für DIENEN und AUSSTRAHLEN VON FRIEDEN steht, festigt den vollkommenen Entwurf; dies steht an siebter Stelle. Als die Erde vollendet war und ihre ersten eigenen Umdrehungen um ihre Achse machte, begann Sphärenmusik von der Erde zu erklingen. So kam als LETZTES dann die Strahlung des Elohim des Friedens, des geliebten TRANQUILITAS, die die Form der Erde vor Zerfall bewahrte, denn wo HARMONIE, FRIEDEN UND STILLE VORHERRSCHEN, KANN DAS, WAS IHR ERSCHAFFEN HABT, EUCH WEDER GENOMMEN WERDEN, NOCH KANN ES ZERFALLEN. So wie ihr gewisse Dinge mit einer Lackschicht verseht, um sie vor Rost und Verfall zu schützen, hüllt die Tätigkeit des Elohim des Friedens all das im gesamten Planetensystem von den Elohim Erschaffene ein und versiegelt es für die Zeitdauer, die für seine Existenz vorgesehen ist.

Ihr und jeder andere Mensch, der Meisterschaft in der Erschaffung von Formen erreichen möchte, muß ebenso lernen, eben diese sieben Schritte zur Präzipitation anzuwenden. Wann immer ihr den Wunsch habt, die Aktivitäten des Dritten Strahls der Göttlichen Liebe zu nutzen und zu erweitern, dessen Qualitäten Anbetung, Verehrung, Kohäsionskraft (Kraft des Zusammenziehens) und Dankbarkeit dem Leben gegenüber sind – stehe ich euch zu Diensten!

GRUPPENANRUFUNG (Die Gruppe steht)

Geliebte mächtige siegreiche I AM Gegenwart, geliebter Erzengel Michael, geliebte Göttin der Reinheit Astrea, geliebter Aufgestiegener Meister El Morya:

Schneidet uns frei, schneidet uns frei, schneidet uns frei von aller bösartig bewerteten Energie die jetzt gegen mich und andere Schüler der AMTF gerichtet ist.

Erfaßt und macht diese Energie unwirksam. Leitet, leitet, leitet diese Energie zurück zum Urheber. Erleuchtet den Urheber und seht zu, daß diese Energie nie wieder gegen Menschen gerichtet werden kann.

Geliebter Paul der Venezianer, Erzengel Chamuel und Charity, geliebter Elohim Orion und Angelika, geliebter Maha Chohan, Göttin der Freiheit, geliebte Meisterin Nada und alle, die zur Rosa Flamme der Göttlichen Liebe gehören:

ENGEL DER ROSA FLAMME, KOMMT! (3) und laßt die ROSA FLAMME DER LIEBE UND ANBETUNG LODERN (3) in, durch und um jeden Teil meines Wesens und meiner Welt, alle Menschen, Orte, Situationen und Gegenstände, auch durch das Elementar- und Tierreich, sowie alle Lebewesen in diesem Land und in der ganzen Welt. Erhaltet dies aufrecht, bis ALLES LEBEN auf unserer Erde Gottes Liebe, Frieden und Vollkommenheit denkt, fühlt und manifestiert.

Geliebtes I AM! (3)
Auf Christi Geheiß! (3)
Laß' es jetzt geschehen! (3) und
Für immer erhalten bleiben! (3)

Geliebte I AM Gegenwart und geliebter Erzengel Chamuel, laß deine Rosa Flame der Anbetung in, durch und um mich herum lodern (3) auch durch mein Geld, meinen Besitz und vermehre alles fortdauernd, bis ich finanziell frei bin. JETZT!

Geliebtes I AM! (3)
Auf Christi Geheiß! (3)
Laß' es jetzt geschehen! (3) und
Für immer erhalten bleiben! (3)

VISUALISATION

Während das Lied „Let Me Call You Sweetheart" (das die Erkennungsmelodie des geliebten Erzengels Chamuel enthält) leise im Hintergrund gespielt wird, richtet eure Gedanken auf Erzengel Chamuel, Lord Maitreya, Paul den Venezianer und den geliebten Elohim Orion sowie die Engel des barmherzigen Dienens, der Zeremonie und des Schutzes die euch bei dieser Zusammenkunft unterstützt haben.

Laßt eure Liebe und Dankbarkeit für ihre Hilfe zu ihnen strömen.

Fühlt, wie ihr in einer Säule der Rosa Flamme des Strahls der Liebe steht.

Dehnt diese Flamme aus – weit über eure Stadt, euer Land, Europa und die gesamte Erde.

SEGENSSPRUCH

Gruppenleiter: Eingehüllt in eine mächtige Säule der Rosa Flamme kosmischer Liebe, Harmonie und Toleranz aus den Herzen des geliebten Erzengels Chamuel, Elohim Orion und des Aufgestiegenen Meisters Paul des Venezianers danken wir den Aufgestiegenen Heerscharen des Lichtes für die beständige Ausströmung ihres herrlichen Lichtes der Liebe, Weisheit und Kraft.

Wir danken den geliebten Erzengeln Michael, Uriel, den Aufgestiegenen Wesen des Dritten Strahls sowie den Engeln des barmherzigen Dienens, des Schutzes und der Zeremonie, die uns bei diesem Lichtdienst helfend zur Seite standen. Nehmt unsere Energie auf und vervielfacht sie durch eure mächtige Liebe. Leitet sie nach Norden, Süden, Osten und Westen und umhüllt die ganze Erde mit der Rosa Flamme der Kosmischen Liebe, Harmonie und Toleranz.

(Kurze Pause)

Möge der Segen und die Liebe des Allmächtigen Gottes und der Friede, der höher ist als alle Vernunft, mit jedem Einzelnen von euch sein. Möge das Licht der Gnade und Barmherzigkeit Gottes euch beschützen und auf eurem geistigen Pfade führen, hin zur Erleuchtung und zu ewiger Freiheit.

(Kurze Pause. Der Gruppenleiter sendet gedanklich die gesammelte Energie zum Kraftfeld über dem Ort des Treffens. Dann löscht er die Kerzen, beginnend mit der rosa Kerze, anschließend die gelbe und blaue.)

Spielt passende Musik um die Schwingung aufrecht zu erhalten.

Lektion 11

DER VIERTE STRAHL

FEIERLICHES ENTZÜNDEN DER KERZEN (Altardienst)

Nach Begrüßung der Teilnehmer durch den Gruppenleiter und begleitet von passender Musik, wie z. B. „Bells of the Meadows", spricht der Akoluth (Altardiener) oder Gruppenleiter die folgende Invokation:

SEI GEGRÜSST, Du All-erfüllendes, All-durchdringendes Licht des Universums, Du Urquell des Lebens, „I AM." Indem wir jetzt diese drei Flammen entzünden als Symbol für die dreifältige Aktivität des Lebens, verneigen wir uns vor dem Licht des Lebens:

Den Vater (die blaue Kerze entzünden),
Den Sohn (die goldene / gelbe Kerze entzünden),
Und den Heiligen Geist (die rosa Kerze entzünden).

Geliebte I AM Gegenwart, komme nun und übernimm Deine rechtmäßige Autorität über die vier niederen Körper aller Deiner Kinder und zeige uns, wie wir in Demut und Ehrfurcht die vollkommen harmonische Aktivität von Liebe, Weisheit und Macht, die du bist, in unserem Leben verwirklichen können.

Hilf uns, vollkommene Harmonie, Gesundheit und Wohlstand zu erreichen und aufrecht zu erhalten. Laßt den göttlichen Plan durch jedes Lebewesen, das diesem Planeten angehört, verwirklicht werden.

Oh Erhabenes Höchstes Licht, wir erkennen Dich an in allem Leben und unser innigster Dank gilt Dir, den glorreichen Kosmischen und Aufgestiegenen Wesen, sowie den herrlichen Engelscharen. Während wir unsere Anrufungen vorbringen, bitten wir Euch, die Energien zu verstärken,

welche wir in dieser Zusammenkunft freisetzen, und mögen dieses Licht und die Lehren der Großen Weißen Bruderschaft sich immer weiter ausbreiten, beständig die Grenzen Deines Königreiches ausdehnend, in Erfüllung Deines Willens, „I AM"!

(kleine Pause)

INVOKATION (die Gruppe steht)

Gruppenleiter: Geliebte mächtige siegreiche Gott-Gegenwart, Du Urquell, der Du in jedem unserer Herzen verankert bist, wir lieben und verehren Dich. Wir erkennen Dich an als den Ursprung und Geber allen Lebens – unserem Leben, unserer Intelligenz und unserer körperlichen Substanz!

Wir rufen Euch an, geliebter Erzengel Michael, Erzengel Uriel und alle Aufgestiegenen Wesen des Vierten Strahls, insbesondere Erzengel Gabriel, den Elohim der Reinheit und den Aufgestiegenen Meister Serapis Bey.

Während unsere tiefste Liebe und Dankbarkeit zu der Schar der Aufgestiegenen Lichtwesen strömt, die uns dieses Wissen gaben, laßt die Weiße Flamme der Reinheit durch und um uns lodern und für immer aufrechterhalten bleiben.

Hüllt uns ein in das Licht, die Liebe und die Kraft des siegreichen Vollbringens. Schützt und behütet uns, führt und leitet uns und helft uns, die Erleuchtung durch Wahrheit zu finden, die uns frei macht!

ÜBERBLICK ÜBER DIE LEKTION

Dies ist eine Lektion über die Gott-Tugenden des Vierten Strahles. In dieser Lektion geht es um das Aufrechterhalten – in Demut – der Reinheit der ursprünglichen göttlichen Idee, ungetrübt vom eigenen persönlichen Ego. Andere Aspekte dieses Strahles sind die Vollkommene Vorstellung, die Auferstehung, die Auferstehungsflamme, die Aufstiegsflamme und künstlerische Entwicklung.

Die Farbe des Vierten Strahles ist weiß. Die wichtigsten Repräsentanten des Vierten Strahles sind Erzengel Gabriel, der Elohim der Reinheit und der Aufgestiegene Meister Serapis Bey.

Bevor ihr mit dieser Lektion beginnt, wird empfohlen, das Bild von Serapis Bey zu betrachten und um das angesammelte Momentum seiner Meisterschaft über Energie und Schwingung zu bitten.

DER VIERTE STRAHL, DER WEISSE STRAHL DER REINHEIT

Der Vierte Strahl repräsentiert die Weiße Flamme der Reinheit, die Auferstehungsflamme, das Konzept der Vollkommenen (Makellosen) Vorstellung und auch die Aufstiegsflamme. Der Chohan des Vierten Strahles ist der geliebte Meister Serapis Bey, dessen spezieller Dienst es ist, die Aufstiegsflamme in Luxor zu beschützen, seit sie durch ihn und andere zu ihrem gegenwärtigen Aufbewahrungsort gebracht wurde. Dies geschah zur Zeit des Versinkens der letzten Reste des Atlantischen Kontinents.

Reinheit und das Halten des Konzeptes der Vollkommenen Vorstellung werden absolut notwendig für den Schüler, der sich auf diesen Pfad begeben hat, und die Auferstehung alles Guten in seinem Lebensstrom ist ebenfalls Notwendigkeit, bevor diese Person fähig wird, sich den Sieg des Aufstiegs zu erwerben. Das ganze Training durch die Aufgestiegenen Meister dient ausschließlich einem Zweck: den strebsamen Schülern zu helfen, sich selbst so zu reinigen und zu harmonisieren, daß sie rasch den Aufstieg erreichen und zu ihrer eigenen I AM Gegenwart werden, um auf diese Weise den Zweck ihres Daseins zu erfüllen. Der geliebte Serapis Bey verlangt strikte Disziplin von jenen, die nach dem Aufstieg streben. Es ist nämlich nicht möglich, daß die Gesamtheit Gottes von jenen erlangt wird, die über viele Lebenszyklen hinweg die göttliche Energie mißbraucht haben, außer sie vervollkommnen sich selbst.

Die Vierte Sphäre ist jene, wo sich die Heiligen Christus-Selbste der Menschheit befinden, bis zu jener Zeit, da es ihnen möglich sein wird, das äußere Selbst im Ausdruck des Christus in der äußeren Welt der Menschheit zu übernehmen.

Die Elohim der Reinheit drückt sich speziell durch diesen Strahl aus und erhält das Konzept der Vollkommenen Vorstellung für die Erde und jedes Wesen der Menschheit. Der Große Erzengel Gabriel strahlt die Auferstehungsflamme durch diesen Strahl in die Welt. Jene, die zu diesem Strahl gehören, sind meist sehr künstlerisch veranlagt und haben Talente, die sich in Musik, Tanz, Drama, Malerei, Bildhauerei und Architektur zeigen.

DAS KONZEPT DER VOLLKOMMENEN VORSTELLUNG

Das Konzept der Vollkommenen Vorstellung, das heute so wenig verstanden wird, ist die ständige Aktivität, in Gedanken und Gefühlen das GÖTTLICHE MUSTER, die göttliche Blaupause für uns selbst, für einander und für jeden Aspekt des Lebens, mit dem wir in Berührung kommen, aufrechtzuerhalten. Es existiert ein prächtiges und schönes göttliches Muster für jeden Ausdruck des Lebens, und wenn dieses im Bewußtsein gehalten wird, anstelle der äußeren Erscheinung, die nur zeitweilig diese besondere Form bekleidet, hilft es uns, den Ausdruck der Gnade, mit der uns Gott von Anbeginn an ausgestattet hat, ebenfalls in äußere Manifestation zu bringen.

Das ist es, was die geliebte Mutter Maria für den geliebten Meister Jesus getan hat. Es bestand im Festhalten an der Vorstellung des GOTTES-MANNES in ihm, von vor seiner Geburt bis nach dem Sieg seines Aufstieges. Mutter Maria erhält dieses Göttliche Konzept für jedes Kind Gottes auf diesem Planeten, bis zum heutigen Tag.

Das Konzept der Vollkommenen Vorstellung ist DAS VERSTÄRKEN DES GUTEN, wo immer deine Aufmerksamkeit ruht, und so die Erscheinungen von Unvollkommenheit zu verringern und zu helfen, mehr Licht auf die Erde zu bringen, anstatt die Schatten zu vergrößern. Laßt uns lernen, überall etwas vom GUTEN zu sehen und uns selbst und alle, denen wir begegnen, als die göttlichen Wesen zu sehen, die wir wirklich sind.

SERAPIS BEY, CHOHAN DES VIERTEN STRAHLES

Serapis Bey ist ein verkörperter Seraphim. Er kam von der Venus zur Erde als geistige Schutzwächter.

Serapis Bey war vor dem Untergang von Atlantis Priester im Aufstiegstempel in Atlantis. Ihm wurde aufgetragen, einen Anteil der Aufstiegsflamme in Sicherheit zu bringen. Er segelte mit 40 Mitgliedern seiner Bruderschaft nach Ägypten, so wie seine Anweisungen es ihm vorgaben. Unmittelbar nach ihrer Ankunft am Nil in Luxor gewahrten sie den Untergang von Atlantis, durch das Dröhnen und die Erschütterungen der Erde.

Serapis Bey gründete dort einen Tempel für die Aufstiegsflamme und er ist seitdem der Hüter der Flamme. Einige vertraute Brüder in physischen Verkörperungen übernahmen seine Wachen über der Flamme, wenn er zwischen seinen Verkörperungen in inneren Sphären weilte.

Seit dem Untergang von Atlantis vor etwa 12.000 Jahren durchlebte er fast alle Verkörperungen in Ägypten. Als er in einer Verkörperung in Ägypten Akhenaton IV und Amenophis III war, baute er die Tempel in Theben und Karnak.

In einer anderen Verkörperung war Serapis Bey Phidias, ein Athener Architekt und Bildhauer. Er plante den Entwurf des Parthenon und beaufsichtigte dessen Erbauung. Einer Enzyklopädie zufolge wird der Parthenon um 438 v. Chr. datiert.

Serapis Bey machte seinen Aufstieg um 400 v. Chr. Danach wurde er Chohan des Vierten Strahles, der für die Aufstiegsflamme zuständig ist. Er ist der Meister, unter dessen Obhut die Bruderschaft in Luxor steht und er arbeitet mit den Seraphim.

Serapis Bey hat goldenes Haar und amberfarbene Augen. „Celeste Aida" ist seine Erkennungsmelodie, sein elektronisches Muster ist ein Herz.

Musikalisches Zwischenspiel

Während die Aufmerksamkeit auf dem geliebten Serapis Bey ruht, kann die Melodie „Celeste Aida" gespielt werden, die seine Erkennungsmelodie enthält.

AUSZUG AUS EINER ANSPRACHE VON SERAPIS BEY

(Eine Schilderung des Transportes der Aufstiegsflamme von Poseidonis nach Luxor, vor ca. 12.000 Jahren)

Einige von euch werden sich an jene frühere Reise erinnern, als wir die Aufstiegsflamme in einer Feuerschale von Atlantis nach Ägypten brachten. Wißt ihr noch, wie wir einander an den Rudern abwechselten, gegen die Zeit rudernd, wissend, daß ein kosmischer Moment wartet, der keinen Platz läßt für die Müdigkeit des Fleisches, Zweifel des Verstandes, Gefühlsangst, oder für irgendeinen Ausdruck destruktiven Karmas eines jeden, der Teil dieser Bootsbesatzung war, welche mit der Mission vertraut war, die Aufstiegsflamme nach Luxor zu bringen.

Wir mußten unser Ziel in der uns vorgegebenen Zeit erreichen, ungeachtet aller Hindernisse, die sich uns von allen möglichen Seiten in den Weg stellten. Wie glücklich wir waren, als wir die Mündung des Nils erreichten und wußten, daß wir nun endlich weniger als 500 Meilen von unserem Ziel entfernt waren. Tränen fielen über unsere Wangen. Für einen Moment streckten wir uns aus und beugten die Muskeln unserer Arme, um uns kurz von der anstrengenden Ruderarbeit zu erholen, welche wir einsetzten, um unsere Galeere fortzubewegen, wenn der Wind uns nicht die Segel füllte, um unser Ziel zu erreichen. Wir dankten dem Gott, der uns geschaffen hatte, wenn wir die schimmernde Glut der Aufstiegsflamme bestaunten. Wir wußten, daß in ihrer Gegenwart der Weg nach Hause lag, nicht nur für uns selbst, sondern auch für jene, die während des Unterganges von Atlantis ihre Körper verlieren würden und wieder vor den Toren des Wiedergeboren-Werdens auf dem verbleibenden Land der Erde warten würden.

Mit neuer Kraft erhoben wir uns und ruderten hinauf nach Luxor, erfüllt mit Dankbarkeit. Ich erinnere mich an die bemerkenswerte Zurückhaltung der Mitglieder unserer Gruppe während der Landung. Anstatt daß sie, kaum daß das Boot Anker setzte, sofort aus dem Boot an Land sprangen, warteten sie geduldig ab, bis ich, das Gefäß mit der immer noch brennenden Glut der Aufstiegsflamme in den Händen, aus dem Boot stieg. Dann folgten sie mir in einer würdevollen Prozession. Wir knieten nieder vor dieser Flamme, die wir mit unserem Atem, unseren Gebeten und unserem Eifer am Leben erhielten, während wir in unserem winzigen Boot Regennächten, nebligen Tagen und stürmischen Winden ausgesetzt waren.

Wie wir so niederknieten und unsere ganze Liebe in dieses Licht strömen ließen, wuchs neues Licht aus der Glut. Zur gleichen Zeit schwoll der Nil an, die Erde bebte und wir gedachten Atlantis.

DER ERZENGEL GABRIEL

Es gibt viele Gott-Wesen, die ihre Unterstützung anbieten, wenn man um solche Hilfe bittet. Der mächtige Erzengel Gabriel ist einer, der der Menschheit „diese Nachricht der großen Freude" überbringt. Erzengel Gabriel wurde auch der Verkündigungsengel genannt, weil er derjenige war, der zur geliebten Maria kam, um ihr zu verkünden, daß sie einen Sohn zur Welt bringen sollte, dessen Name Jesus war.

Es wurde gesagt, daß der Mensch nach dem Ebenbild des Gott-Vaters geschaffen wurde; es ist jedoch ziemlich augenscheinlich, daß dieser Mensch „gefallen" ist, aus der Blaupause seines göttlichen Ursprungs. In diesem Zusammenhang ist Erzengel Gabriel derjenige, der dieses ursprüngliche Konzept der Vollkommenheit – das Konzept der Vollkommenen Vorstellung für die gesamte Menschheit aufrechterhält, und er unterstützt alle jene, die sich an ihn wenden.

Die Zwillingsflamme Erzengel Gabriels ist als ARCHAI HOPE (Hoffnung) bekannt, und sein Dienst ist genau das, was ihr Name beinhaltet. Sie bringt Hoffnung in die Herzen der Menschen, daß sich die Dinge zum Guten wenden. Ihre Ausstrahlung ist belebend, Auftrieb gebend, erhebend, freudig und inspirierend. So wie die warme Strahlung eurer Heizkörper eure Wohnungen behaglich macht, so strahlt auch die Energie einer jeden anderen Intelligenz – göttlich oder menschlich – in eure Welt, über ihre Gedanken, Gefühle, Worte und Taten. Das ist keine mystische, sondern eine wissenschaftliche Tatsache. Ähnlich wie ein Radiator

Wärme auf die Umgebung abstrahlt, so erhebt die Gegenwart eines jeden göttlichen Botschafters das gesamte Bewußtsein und die Welt eines jeden Menschen, der so eine Gegenwart einlädt, sein Leben mit Gnade, Geschenken und göttlichen Tugenden zu bereichern.

Musikalisches Zwischenspiel

Während die Aufmerksamkeit der Gruppe auf dem geliebten Erzengel Gabriel und den Aktivitäten des Vierten Strahles weilt, kann seine Erkennungsmelodie „Intermezzo, Cavallero Rusticana" gespielt werden.

ANSPRACHE VON ERZENGEL GABRIEL

Seid gegrüßt, ihr verkörperte Söhne und Töchter des Lebendigen Gottes! Ich komme vom Throne des Königs der Könige, um euch die Erinnerung an eure göttliche Identität zu bringen, um euch wieder an euer Erbe zu erinnern, welches darauf wartet, von euch in Anspruch genommen zu werden, so daß ihr es zum Ruhme eures Himmlischen Vaters und zur Erlösung der Erde hervorbringen könnt, die so lange eure größte und geduldigste Beschützerin und Gastgeberin gewesen ist.

Ich komme aus dem Reich des „Lichtes Gottes das nie versagt" in die Schatten der Erdebene und ich sage euch: Götter und Göttinnen! Warum sitzt ihr in diesen Schatten, wenn doch inmitten eurer Herzen das Feuer der Unsterblichkeit brennt? Es enthält in sich selbst die Kraft der Erlösung, der Umwandlung, der Harmonisierung, der Reinigung, der Heilung, der Versorgung mit allem Lebensnotwendigen und der Kraft der Regulierung aller Lebensbedingungen – und das sogar mit Gedankenschnelligkeit!

Ich bin als der Erzengel der Auferstehung bekannt. Es ist mein Vorrecht und meine Ehre, in Zusammenarbeit mit der Hierarchie das Bewußtsein der Meisterschaft in jedem Menschen wiederzubeleben. Dieses Bewußtsein ist das vorbestimmte Ziel für jeden Mann, jede Frau und jedes Kind, welche zu diesem irdischen Entwicklungsreich gehören, als auch für jene, die geschworen haben, deren Beschützer zu sein.

Ich bin in der Vierten Kausal-Ebene, in der Vierten Sphäre beheimatet und ich arbeite hier mit Serapis Bey und den Heiligen Christus-Selbsten von beinahe der gesamten menschlichen Rasse zusammen. Daher bin ich sehr gut vertraut mit der göttlichen Vollkommenheit für jeden Lebensstrom, der zu dieser Evolution gehört. Ich bete in denselben Tempeln, ich stehe Tag für Tag Seite an Seite mit euren Christus-Selbsten. Daher bin ich besonders geeignet, euch das GEFÜHL zu vermitteln, daß es an der Zeit ist, die Fenster und Türen eurer Seele endlich der Realität dieser exquisiten, majestätischen Göttlichen Gegenwart zu öffnen, die nach dem Ebenbild des Vaters und der Mutter dieses Systems geschaffen ist. Es ist eure Aufgabe und Verpflichtung, diese Göttliche Gegenwart zu verwirklichen und sie sichtbar hervorzubringen!

Religion ist nicht nur eine Frage der Zeremonie allein. Sie ist vielmehr eine Frage des täglichen, stündlichen Lebens. Sie ist eine Frage des einfachen, gesunden Menschenverstandes. Sie ist eine Frage der Disziplin, der Selbstkontrolle, der inneren Einkehr und Besinnung. Religion beinhaltet natürlich auch die Entwicklung von Liebe und Dankbarkeit gegenüber dem Leben selbst und zu Gott, dem Geber unseres Lebens. Er hat eure Individualität in diesem Weltensystem Millionen Jahre lang erhalten.

Mit der ganzen Kraft meines eigenen Herzens LADE ich heute euren Gedankenkörper, LADE ich eure Gefühlswelt, LADE ich euren Ätherkörper und LADE ich euren Physischen Körper mit der glorreichen Kraft der Auferstehungsflamme auf, um die Ströme UMZUKEHREN, welche die Energien dieser inneren Körper so sehr an die Begierden, Leidenschaften und Sinnesgelüste der niederen Oktave gebunden haben. Diese Ströme bewirken die magnetische Anziehung und die Schwerkraft, die euch an die Erde gebunden haben!

IHR SOLLT FREI SEIN! Ich, Gabriel spreche zu euren Herzen! ERINNERT EUCH AN MICH! Ruft die Flamme der Auferstehung herbei! Laßt das, was in euch leblos erscheint, LEBEN! Das Licht Gottes, die Jugend Gottes, das Sehen und Hören Gottes, die Schönheit Gottes, die Liebe Gottes, die allumfassende Natur Gottes, sie alle sind in euch LEBENDIG! In euren Herzen glüht ein Funke, sonst hättet ihr keine physische Form. In diesem Funken steckt die All-Kraft des Allmächtigen und ich entfache diesen Funken mit der Flamme meines Geistes: KOMMT HERVOR, IHR, DIE IHR SCHLAFT! STEHT AUF IN SICHTBARER, OFFENBARTER MEISTERSCHAFT UND SEID GÖTTLICH-FREI!

ANSPRACHE VON CLAIRE, ELOHIM DER REINHEIT

Ich bin die Zwillingsflamme des Elohim der Reinheit! Ich bin die Wächterin der VOLLKOMMENEN VORSTELLUNG sowohl für diese Erde, als auch für dieses gesamte Universum. Ich bin ebenfalls die Wächterin der Vollkommenen Vorstellung deiner eigenen individualisierten Göttlichkeit, die aus der Substanz Weißen Feuers geformt wurde und in den göttlich-freien Ebenen lebt. Dies ist das Muster deiner Vollkommenheit, ursprünglich erschaffen von der Gottheit, und zu diesem Wesen in all seiner Vollkommenheit MUSST DU EINES TAGES WERDEN! Ich bin mehr als das, ich verkörpere die Flamme der KOSMISCHEN REINHEIT, der natürlichen Aktivität eines jeden Lebens und nicht etwas, nach dem man im Außen trachten könnte. Ich verkörpere die lebende, atmende REINHEIT der Elektronen, die im Zentrum der Atome lebt, aus denen eure physischen Körper gemacht sind.

Als Flamme der Reinheit bin ich LEBENDIG in jeder Zelle eurer Körper und bewege mich um den Mittelpunkt eines jeden Atoms in eurem Fleisch. Dadurch bin ich das lebende, atmende, elektronische Licht der Reinheit in eurem Gedankenkörper, Gefühlskörper und Ätherkörper. Ich DEHNE nun meine REINHEIT aus, in jeder Zelle und in jedem Atom eurer vier niederen Körper, ich DEHNE AUS, DEHNE AUS, DEHNE AUS, denn dies ist meine wahre Natur: die Reinigung dieser Erde und Allem, was auf der Erde ist und in ihrer Atmosphäre.

Wenn du ein Elektron anhalten könntest, das vom Herzen deiner Göttlichen Gegenwart in dein physisches Herz wandert, würdest du sehen, daß dieses Elektron in sich ALLES von der Natur der Gottheit enthält, ALL seine Kraft, seine Majestät und Herrlichkeit des Gott-Vaters. Das Elektron selbst kann niemals beschmutzt werden, denn meine Flamme der kosmischen CHRISTUS-REINHEIT lebt selbst in jedem einzelnen Elektron. Woher kommen dann die Schatten, Begrenzungen, Krankheiten, Alterserscheinungen und Depressionen? Diese disharmonischen Erscheinungen sind sozusagen „die Kleider" der Elektronen, hergestellt aus den Schatten der gewohnheitsmäßigen Ausrichtung eurer Aufmerksamkeit auf unvollkommene Erscheinungen auf der Erde. Wenn ihr jetzt bewußt meinen Dienst annehmt, werde ich mich bemühen, mit der Gnade Gottes soviel wie möglich von dieser Schattensubstanz zu entfernen, indem ich die Kraft meiner Flamme der REINHEIT ausdehne, DIE SCHON IN EUCH IST! Ich spreche nun direkt zu den Elektronen, die auf den Ruf der magnetischen Anziehung der Unsterblichen Dreifältigen Flamme in euren Herzen gehorchen:

Im Namen und mit der Kraft des Allmächtigen Gottes verfüge ich fortwährend anhaltende Ausdehnung der Flamme der Reinheit in jeder Zelle eurer Körper. Dies befehle ich, um alle Schatten zu entfernen, sowie jede Schwingung von Unreinheit, die menschliche Begrenzungen hervorbringt, in reines Licht umzuwandeln. Mit der machtvollsten kosmischen Kraft des Blauen Blitzes der kosmischen Christus-Reinheit meines Herzens befehle ich, daß dies JETZT geschehe! Ich erkläre, daß die Reinheit im Herzen eines jeden Elektrons in uns sich AUSDEHNE, AUSDEHNE, AUSDEHNE – bis das, was uns als Begrenzung erscheint, nicht länger unser Leben in Disharmonie beschränkt und folglich die Schatten aufhören zu existieren.

Vergiß nicht: jegliches Unbehagen auf der Welt entsteht aus dem Fehlen der Substanz der Reinheit in einem oder mehreren eurer vier niederen Körper. Fehlgeleitete Energie verändert die Geschwindigkeit der Elektronen, welche das Atom bilden und es ist diese Art der Energie welche Unbehagen, Schmerz und Begrenzung verursacht. Die Schwingung der Substanz von Reinheit beschleunigt die Schwingungsrate der Elektronen. Das hilft ihnen, ihr Licht auszudehnen, und die angehäuften unharmonischen Substanzen abzustoßen. So kann der ursprüngliche Rhythmus und die Harmonie der I AM Gegenwart wiederhergestellt werden, nach deren Bildnis jeder Mensch ursprünglich erschaffen wurde.

Absolute Reinheit ist unbedingt notwendig für den Vorgang der Präzipitation und Ätherisierung. (Präzipitation ist das Zusammenziehen von Elektronen zu manifester, physischer Form. Ätherisierung ist der umgekehrte Vorgang. Hier geht man von der physischen Form zurück zur Ätherform.) Wenn der GEDANKENKÖRPER nicht gereinigt ist, kann er weder den vollkommenen Entwurf von der Gottheit oder den Aufgestiegenen Meistern erhalten, noch kann er die Stärke manifestieren, die er braucht, um diesen Plan gegen die auflösenden Kräfte des Zweifels, der Angst, des Spottes oder gegen die vielen anderen negativen Eigenschaften in der Erdatmosphäre aufrechtzuerhalten, die versuchen, ein konstruktives Muster zu zerstören.

Wenn der GEFÜHLSKÖRPER nicht gereinigt ist, wird die

Vorstellung und das Muster so mit Selbstsucht und persönlichem Ehrgeiz durchsetzt sein, so daß der originale Entwurf viel von seiner Vollkommenheit und Wirksamkeit einbüßt.

Wenn der ÄTHERKÖRPER (der Wohnort des ätherischen Bewußtseins, auch „Seele" genannt) nicht gereinigt ist, werden die Fehler der Vergangenheit, die hier gespeichert sind, nicht umgewandelt.

Sehen wir uns den PROZESS DER ÄTHERISIERUNG näher an. REINHEIT ist unbedingt notwendig, um die bewußte Ätherisierung von Substanz zu ermöglichen, die ihren Zweck erfüllt hat, indem sie sich von ihrer magnetischen Anziehung befreit, welche ihre Form zusammengehalten hat. Auf diese Weise wird den Elektronen, die diese Form gebildet hatten, die Rückkehr zur Sonne erlaubt, wo die Repolarisierung stattfindet.

Der GEDANKENKÖRPER wird, wenn er nicht vorher gereinigt ist, im PROZESS DER ÄTHERISIERUNG alle möglichen Arten von Schemen des „Festhaltens" an der Substanz und Form konstruieren, welche dem Menschen vorübergehend verliehen wurden.

Wenn der GEFÜHLSKÖRPER nicht gereinigt wird, haftet er wie Klebstoff an weltlichem Besitz und Personen an und wird die Welt mit mannigfachen Formen auffüllen, die ihren Zweck bereits erfüllt haben. Diese binden Lebensströme an Personen, was für alle Beteiligten eine Menge unnötiges Leid erzeugt.

Wenn der ÄTHERKÖRPER nicht gereinigt wird, wird er sich an vergangene Verluste erinnern und sich auffüllen mit

Argwohn und Angst und so dem Prozeß der Ätherisierung hinderlich sein.

Jedes Aufgestiegene Wesen verwendet sein Leben nur so, wie von Gott vorgesehen, um seinen Segen und seine Gnade auszuströmen. Dann, wenn die Formen, die sie erschufen, ihren Dienst erfüllt hatten, entließen sie das Leben aus dieser Form, so daß es in Zukunft einem höheren Zweck dienen möge. Die Möglichkeit dieses höheren Dienstes wurde durch den Gehorsam an die Himmlischen Mächte erworben. Wenn die Menschheit wenigstens diese Lektion des „Verlierens und Loslassens" lernen würde! Sehr oft haben wir das Leiden mit angesehen, das folgt, wenn die Menschen sich weigern, diese Lektion zu begreifen und schließlich gezwungen sind, diesen Verzicht mit der Bitterkeit ihrer eigenen Erfahrung zu spüren.

Ich bitte euch, das Gesetz der Vergebung für all euren Mißbrauch von Lebensenergie während aller eurer Verkörperungen anzurufen und um Vergebung zu bitten. Ebenfalls bitte ich euch, mein Geschenk der Reinheit, so daß ihr sehend, wissend, und zum perfekten Ausdruck eurer eigenen individualisierten I AM Gegenwart – ein heiliger Gral – werden könnt und die göttlichen Eingebungen dieser Gegenwart in eurem Bewußtsein empfangen könnt. Diese göttliche Gegenwart kann nun durch eure gereinigten Zentren des Denkens, Fühlens und der gesprochenen Welt zum Ausdruck kommen, zu eurem Wohle und zum Wohle eures Nächsten.

In jedem Elektron, das aus dem Herzen Gottes ausgesandt wird, steckt die Kraft zur Erschaffung und Aufrechterhaltung des himmlischen Königreiches für dich, deine Familie, deine Welt und die Studenten, die hier auf der Erde deiner liebenden Fürsorge anvertraut wurden. Darin enthalten ist meine Flamme der REINHEIT! Genau im Gefäß deines Herzens trägst du das mächtigste Konzentrat des „Atombeschleunigers." Du hast jederzeit vollen und freien Zugang zu Allem, was wir sind und was wir haben. Durch die Konzentration der Flamme der Reinheit, freigesetzt durch meine Gegenwart, habe ich von euren vier niederen Körpern buchstäblich Tonnen eures Bewußtseins von Unreinheit und Unvollkommenheit regelrecht herausgewaschen. Bitte nehmt an, was für euch getan wurde, im Namen Gottes, und geht vorwärts, göttlich-rein und göttlich-frei!

DIE SIEBEN STUFEN ZUR PRÄZIPITATION
Von Claire, Elohim der Reinheit

Am Anfang, als die mächtigen Wesen Helios und Vesta die Elohim einluden, die Planeten dieses Systems zu erschaffen, überbrachte uns der geliebte Herkules die Einladung, und wir sprachen:

(Stufe 1) „WIR WOLLEN euch diesen Dienst erweisen!" Ich erinnere mich sehr gut an die Zeit, als der Planet Erde erschaffen wurde und wir alle uns um dieses wunderbare Wesen Immaculata scharten, dem Schweigenden Wächter dieses Planeten.

(Stufe 2) Ich erinnere mich ebenfalls sehr gut an die Flamme der Cassiopea die uns das im Herzen von Immaculata gehaltene Lichtmuster dieses Planeten ERLEUCHTETE.

(Stufe 3) Als wir es betrachteten, fühlten wir alle die LIEBE Orions und den intensiven Wunsch in uns, mit dem Gott-Vater zusammenzuarbeiten, um diesen Planeten zu erschaffen und ihn zu seiner vollkommenen Form zu gestalten.

(Stufe 4) Dann kam mein Dienst am Leben zum Einsatz: dieses Muster und diesen Plan durch die Kosmische FLAMME DER REINHEIT aufrechtzuerhalten, so daß kein Grashalm und kein Blütenblatt hervorkommt, das nicht ein Teil der göttlichen Idee ist und somit nach dem Muster der Vollkommenheit erschaffen wurde, so wie es im Herzen von Immaculata festgehalten ist. Die ganze Zeit über, als die Erschaffung der Erde stattfand, erhielt ich diese Flamme und das Muster der Reinheit. Dies, gepaart mit erleuchtetem Gehorsam, wahrer Bescheidenheit und der Liebe der Elohim brachte in Wahrheit Freude in mein Herz. Die Elohim haben nicht die Absicht, ihre eigene Form und ihr eigenes Muster zu verwirklichen, sondern haben den einzigen Wunsch, den göttlichen Plan für die Erde hervorzubringen.

(Stufe 5) Nachdem ich das Konzept der Vollkommenen Vorstellung für die Erde durch meine Flamme der Reinheit aufrechterhielt, brachte mein geliebter Bruder Vista die FLAMME DER KONZENTRATION zum Einsatz.

(Stufe 6) Dann folgte unser geliebter Arkturus mit seiner Aktivität des Siebten Strahles, dem RHYTHMUS DER INVOKATION und der UMWANDELNDEN KRAFT des Violetten Feuers.

(Stufe 7) Die „Sieben Stufen der Erschaffung" wurden dann durch die VERSIEGELUNG DER GESAMTEN SCHÖPFUNG mit Hilfe der Flamme des geliebten Tranquilitas, des Elohim des Friedens, vollendet.

DIE GELIEBTE ASTREA, GÖTTIN DER REINHEIT

Dieses großartige Wesen, uns bekannt als die geliebte Astrea, ist die Göttliche Ergänzung des Elohim der Reinheit. Sie arbeitet in der Astral-Ebene, wo der Kern der Unreinheit und des Bösen beheimatet ist. Ihr Dienst besteht in der Auflösung und Umwandlung aller psychischen Substanz auf der Erde, in ihrer Atmosphäre und rund um ihre Bewohner. Diese Aufgabe vollbringt sie, indem sie die menschlichen Schöpfungen rund um Personen, Orte, Umstände und Dinge mit ihrem KREIS UND SCHWERT DER BLAUEN FLAMME umgibt und die Unreinheit so lange in Schach hält, bis sie aufgelöst und in Vollkommenheit umgewandelt werden kann.

Zu einer späteren Zeit, nachdem die geliebte Astrea und die Aufgestiegenen Heerscharen den Grundkern aller Unreinheit von der Erde entfernt haben, wird der Elohim der Reinheit willkommen geheißen, und die Menschen werden voll Freude nach der Flamme der Reinheit rufen, um alle Ablagerungen von Unvollkommenheit und Schmutz auf der Erde zu entfernen. Viele Male werden die Menschen das Gefühl haben, etwas zu VERLIEREN, wenn sie nach REINHEIT verlangen, aber anstelle etwas zu verlieren, gewinnen sie eigentlich an Frieden, Wohlergehen, Heilung, Versorgung, Glück und allen perfekten Dingen, die sie sich wünschen. Vollkommenheit kann sich nicht manifestieren, solange Unreinheit existiert – eingeschlossen unfreundliche Worte – genausowenig, wie die Sonne durch ein schlammbespritztes Fenster scheinen kann.

Nur durch Ausprobieren kannst du den enormen Dienst

erfassen, den dir die geliebte Astrea erweist, wenn du jeden Tag ihren Kreis und das Schwert der Blauen Flamme herbeirufst, dich und deine Welt einzuhüllen und all die menschlichen Schöpfungen in und um dich in Schach zu halten, bis sie in Reinheit und Vollkommenheit aufgelöst und umgewandelt werden können. Denke daran: die psychische Ebene erstreckt sich dreitausend Meter um die Erde, und es ist nur Gott und den Aufgestiegenen Scharen des Lichtes zu verdanken, daß ihr in dieser Welt leben könnt und eure eigene Welt vergleichsweise unberührt bleibt von menschlichen Schöpfungen.

ANSPRACHE VON ASTREA

Jedes Elektron meines Wesens pulsiert mit dem angesammelten Momentum von Reinheit, daß sich über viele Jahre angehäuft hat. Bei dieser Arbeit der Ausstrahlung der kosmischen Flamme der Reinheit werde ich von allen Wesen, die gegenwärtig dem Vierten Strahl dienen und den Engelscharen unterstützt. Die Schüler der Meister erhalten viel Energie, die von den Aufgestiegenen Wesen des Vierten Strahls von Luxor ausgestrahlt wird.

Nun, wir wissen, daß die Reinheit im Laufe der Jahrhunderte von den Massen zurückgewiesen wurde – du selbst hast zu dieser oder jener Zeit ebenfalls zu dieser Gruppe gehört – und die Gründe für diesen Widerstand sind offensichtlich.

Denke immer daran: die niederen Körper beherbergen

die Ursachen und den Kern der Unvollkommenheit, und der physische Körper, auf den die Chelas oft so viel Aufmerksamkeit verwenden, drückt die Stufe der Vollkommenheit aus, die in den anderen niederen Körpern besteht. Der physische Körper ist das Gefäß und die Widerspiegelung dieser Körper.

Erinnere dich, daß ICH ANGEBOTEN HABE, DIE URSACHEN UND KERNE ALLER BEKANNTEN UND UNBEKANNTEN UNREINHEITEN AUS DEN LEBENSSTRÖMEN DIESER ERDE ZU ENTFERNEN, SOWIE AUCH AUS JENEN, DIE FREI WILLIG HIERHER GEKOMMEN SIND, SEIT ANBEGINN DER ZEIT [die Geistigen Schutzwächter].

VERLANGT VON MIR DIE EINLÖSUNG DIESES FEIERLICHEN VERSPRECHENS! Ihr seid genügend mit dem geistigen Gesetz vertraut, um zu wissen, daß das kosmische Gesetz es uns nicht erlaubt viel für euch zu tun, es sei denn, ihr selbst ruft diese Hilfe von uns an. Ich selbst stehe jederzeit bereit, mit dem Kreis und dem Schwert der Blauen Flamme die Unvollkommenheit von diesem Planeten abzuschneiden, so daß die Legionen der Reinheit unter der Leitung der Wesen des Vierten Strahles, welche grenzenlos sind, sofort in Aktion treten können. ABER DIE FORDERUNG NACH DER ERFÜLLUNG DIESES DIENSTES MUSS VON DER UNAUFGESTIEGENEN MENSCHHEIT SELBST GESTELLT WERDEN!

Laßt mich euch eindringlich daran erinnern, daß ihr dem kosmischen Gesetz gegenüber verantwortlich seid für die Verwendung eurer gottgegebenen Energie, und wenn wir euch die Zustände aufzeigen, denen durch die Verwendung des Heiligen Feuers abgeholfen werden kann, so setzt euch in Bewegung und FORMULIERT EURE FORDERUNG, IM NAMEN VON ALLEM WAS GUT UND HEILIG IST! Bittet uns um die Freisetzung dieser reinigenden Feuer, welche imstande sind, AUGENBLICKLICH die Ursachen und Kerne der Unvollkommenheit zu entfernen.

GRUPPENANRUFUNG (Die Gruppe steht)

Geliebte mächtige siegreiche I AM Gegenwart, Erzengel Michael, Engel der Blauen Flamme, geliebte Aufgestiegene Meisterin Astrea:

Schneidet uns frei, schneidet uns frei, schneidet uns frei von aller bösartig bewerteten Energie die jetzt gegen mich und andere Schüler der AMTF gerichtet ist.

Erfaßt und macht diese Energie unwirksam. Leitet, leitet, leitet diese Energie zurück zum Urheber. Erleuchtet den Urheber und seht zu, daß diese Energie nie wieder gegen Menschen gerichtet werden kann.

* * *

I AM! (3x) [Die Gott-Gegenwart in mir ist] DIE AUFERSTEHUNG UND DAS LEBEN und ich erinnere mich JETZT an meine immerwährende Göttlichkeit und all die Ehre und den Ruhm zusammen mit dem Vater, lange bevor es diese Welt gab.

I AM! (3x) DIE AUFERSTEHUNG UND DAS LEBEN des Aufgestiegenen Jesus Christus! Ich fühle kosmischen Christus-Frieden – diesen Frieden, der mein Verständnis übersteigt und den ich zusammen mit Gott zu Anbeginn fühlte, lange, bevor es diese Welt gab.

I AM! (3x) DIE AUFERSTEHUNG UND DAS LEBEN und MANIFESTIERE vollkommene Gesundheit in allen Zellen und Organen meines Körpers, JETZT und in alle Ewigkeit.

I AM! (3x) DIE AUFERSTEHUNG UND DAS LEBEN und MANIFESTIERE vollkommenes Sehen und Hören, JETZT und in alle Ewigkeit.

I AM! (3x) DIE AUFERSTEHUNG UND DAS LEBEN und MANIFESTIERE grenzenlose Stärke, Energie und Mut, JETZT und in alle Ewigkeit.

I AM! (3x) DIE AUFERSTEHUNG UND DAS LEBEN und MANIFESTIERE meine grenzenlose Versorgung an Geld und allen Gütern, die ich benötige, um meinen Dienst zu erfüllen und das Licht zu vergrößern, JETZT und in alle Ewigkeit.

VISUALISATION

Während leise die Melodie „Liebestraum" (Erkennungsmelodie des Aufstiegstempels) gespielt wird, richte deine Aufmerksamkeit auf Erzengel Gabriel, den Elohim der Reinheit, die mächtige Astrea, den Aufgestiegenen Meister Serapis Bey sowie die Engel des Schutzes, des barmherzigen Dienens und der Zeremonie, die dich während dieser Lektion unterstützt haben.

Sende deine Liebe und Dankbarkeit für ihren Dienst.

Fühle dich von einer Säule der Weißen Flamme der Reinheit umgeben.

Dehne diese Flamme aus, so daß sie eure Stadt, das Land, die Nation und schließlich den gesamten Globus bedeckt.

SEGENSSPRUCH

Gruppenleiter: Eingehüllt in einer mächtigen Säule der Weißen Flamme der Reinheit aus den Herzen des geliebten Erzengels Gabriel, dem Elohim der Reinheit und dem Aufgestiegenen Meister Serapis Bey danken wir den Aufgestiegenen Heerscharen des Lichts für das fortwährende Ausströmen von Liebe, Weisheit und Kraft.

Wir danken den geliebten Erzengeln Michael und Uriel und den Engeln des Schutzes, des barmherzigen Dienens und der Zeremonie, die uns bei diesem Lichtdienst helfend zur Seite standen. Nehmt unsere Energie auf und vervielfacht sie mit der mächtigen Kraft eurer Liebe. Leitet sie nach Norden, Osten, Süden und Westen, und umhüllt die gesamte Erde mit der Ausstrahlung der Weißen Flamme der Reinheit.

(kurze Pause)

Möge der Segen und die Liebe des Allmächtigen Gottes und der Friede, der höher ist als alle Vernunft, mit jedem Einzelnen von euch sein. Möge das Licht der Gnade und Barmherzigkeit Gottes euch beschützen und auf eurem geistigen Pfade führen, hin zur Erleuchtung und zu ewiger Freiheit.

(Kurze Pause. Der Gruppenleiter sendet gedanklich die gesammelte Energie zum Kraftfeld über dem Ort des Treffens. Dann löscht er die Kerzen, beginnend mit der rosa Kerze, anschließend die gelbe und blaue.)

Spielt passende Musik um die Schwingung aufrecht zu erhalten.

Lektion 12

DER FÜNFTE STRAHL

FEIERLICHES ENTZÜNDEN DER KERZEN (Altardienst)

Nach Begrüßung der Teilnehmer durch den Gruppenleiter und begleitet von passender Musik, wie z. B. „Bells of the Meadows", spricht der Akoluth (Altardiener) oder Gruppenleiter die folgende Invokation:

SEI GEGRÜSST, Du All-erfüllendes, All-durchdringendes Licht des Universums, Du Urquell des Lebens, „I AM." Indem wir jetzt diese drei Flammen entzünden als Symbol für die dreifältige Aktivität des Lebens, verneigen wir uns vor dem Licht des Lebens:

Den Vater (die blaue Kerze entzünden),
Den Sohn (die goldene / gelbe Kerze entzünden),
Und den Heiligen Geist (die rosa Kerze entzünden).

Geliebte I AM Gegenwart, komme nun und übernimm Deine rechtmäßige Autorität über die vier niederen Körper aller Deiner Kinder und zeige uns, wie wir in Demut und Ehrfurcht die vollkommen harmonische Aktivität von Liebe, Weisheit und Macht, die du bist, in unserem Leben verwirklichen können.

Hilf uns, vollkommene Harmonie, Gesundheit und Wohlstand zu erreichen und aufrecht zu erhalten. Laßt den göttlichen Plan durch jedes Lebewesen, das diesem Planeten angehört, verwirklicht werden.

Oh Erhabenes Höchstes Licht, wir erkennen Dich an in allem Leben und unser innigster Dank gilt Dir, den glorreichen Kosmischen und Aufgestiegenen Wesen, sowie den herrlichen Engelscharen. Während wir unsere Anrufungen vorbringen, bitten wir Euch, die Energien zu verstärken,

welche wir in dieser Zusammenkunft freisetzen, und mögen dieses Licht und die Lehren der Großen Weißen Bruderschaft sich immer weiter ausbreiten, beständig die Grenzen Deines Königreiches ausdehnend, in Erfüllung Deines Willens, „I AM"!

(kleine Pause)

INVOKATION (die Gruppe steht)

Gruppenleiter: Geliebte mächtige siegreiche Gott-Gegenwart, Du Urquell, der Du in jedem unserer Herzen verankert bist, wir lieben und verehren Dich. Wir erkennen Dich an als den Ursprung und Geber allen Lebens – unserem Leben, unserer Intelligenz und unserer körperlichen Substanz!

Wir rufen Euch an, geliebter Erzengel Michael, Erzengel Uriel und alle Aufgestiegenen Wesen des Fünften Strahls, insbesondere Erzengel Raphael, die Aufgestiegene Meisterin Maria, Elohim Vista und den Aufgestiegenen Meister Hilarion.

Während unsere tiefste Liebe und Dankbarkeit zu der Schar der Aufgestiegenen Lichtwesen strömt, die uns dieses Wissen gaben, laßt die Grüne Flamme der Wahrheit durch und um uns lodern und für immer aufrechterhalten bleiben.

Hüllt uns ein in das Licht, die Liebe und die Kraft des siegreichen Vollbringens. Schützt und behütet uns, führt und leitet uns und helft uns, die Erleuchtung durch Wahrheit zu finden, die uns frei macht!

ÜBERBLICK ÜBER DIE LEKTION

Dies ist eine Lektion über die göttlichen Tugenden des Fünften Strahls, des Strahls der Wahrheit. Konzentration ist eine weitere Qualität dieses Strahles wie auch das Widmen (Weihen) der eigenen Lebensenergie einer würdigen Sache. Wissenschaftliche Entwicklung und Heilen gehören ebenfalls zu den Aktivitäten dieses Strahles. Wissenschaftler, Ingenieure, Ärzte und Krankenpfleger gehören oftmals diesem Strahl an.

Die Farbe des Strahles ist smaragdgrün. Die Hauptrepräsentanten des Strahles sind Erzengel Raphael, Mutter Maria, Elohim Vista, Pallas Athene (Göttin der Wahrheit) und der Aufgestiegene Meister Hilarion (Chohan).

Bevor ihr mit dieser Lektion beginnt, wird empfohlen, die Bilder von Mutter Maria und Hilarion zu betrachten und um das angesammelte Momentum ihrer Meisterschaft über Energie und Schwingung zu bitten.

DER FÜNFTE STRAHL UND SEIN CHOHAN HILARION

Vor langer Zeit, als die letzten Teile von Atlantis im Ozean versanken, wurden bestimmte Priester und Priesterinnen der Weißen Ordens mit der Aufgabe betraut, ihre spezifisch magnetisierten Gott-Tugenden an Landoberflächen der Erde zu schaffen, die über dem Wasser verbleiben würden. Eine dieser Gott-Tugenden, die auf diese Weise in Sicherheit gebracht wurden, war die Flamme der Wahrheit. Der Aufgestiegene Meister Hilarion, der zu dieser Zeit noch nicht aufgestiegen war, befand sich unter den geweihten Menschen, die mit der Aufgabe betraut wurden, die Flamme in Sicherheit zu bringen. Sie segelten in östlicher Richtung durch die heutige Straße von Gibraltar nach Kreta, welches damals noch mit Griechenland verbunden war. Dort, auf der Insel Kreta, verankerten sie die Flamme der Wahrheit in einer Zeremonie der Verehrung und Weihe. Dieser Fokus der Wahrheit hat durch viele Zeitalter hindurch diese Qualität in die emotionalen, mentalen, ätherischen und physischen Ebenen der Erde ausgesandt. Der Hüter dieser heiligen Flamme ist zur Zeit Hilarion, der Chohan des Fünften Strahles, der in einer früheren Inkarnation, zu Zeiten Jesus, der heilige Apostel Paulus war.

Jene treuen Anhänger der Wahrheit bauten an diesem neuen Ort einen wunderschönen Tempel, der in seinem Aussehen jenem von Atlantis glich. Später wurde dieser Tempel von Menschen zerstört, die sich gegen die Wahrheit und die Disziplin von Reinheit und Harmonie auflehnten, und somit gibt es heute nur noch den schönen ätherischen

Tempel der Wahrheit über der Insel Kreta. Hier lehren Hilarion und die Bruderschaft der Wahrheit weiterhin und verbreiten diese Tugend über das Bewußtsein jener, die nachts in ihren feineren Körpern den Tempel besuchen, während der physische Körper schläft.

Äußerlich ähnelt dieser schöne Tempel der Wahrheit dem großen Parthenon (der geliebten Pallas Athene gewidmet, der Göttin der Wahrheit), der im Jahre 450 v.Chr. von Phidias (heute unser geliebter Serapis Bey) erbaut wurde.

Der Tempel steht erhöht und der Zugang führt über eine prachtvolle Marmortreppe mit über vierhundert Treppen. Entlang der gesamten Treppe bis hinauf zu dem weiten, von Säulen umrahmten Eingang stehen zu beiden Seiten herrliche, in schillernde Farben gekleidete Engelwesen, die in ihren erhobenen Händen Girlanden mit leuchtend-bunten Blumen halten, die zu Mustern verflochten sind, die einem Adventkranz ähneln. Von dem großen Tor aus sieht man den großen Altar, mehr als 30 m hoch; zu jeder Seite steht eine bemusterte Säule auf der eine goldene Feuerschale ruht, aus der die Flamme der Wahrheit aufsteigt.

Die Göttin der Wahrheit, die geliebte Pallas Athene, ist die Zwillingsflamme, des geliebten Maha Chohan, der für diesen Planeten der Repräsentant des Heiligen Geistes ist. Sie ist die Patronin des Tempels der Wahrheit, und vor vielen Jahren, als die Götter unter den Menschen weilten und mit ihnen sprachen, war es Pallas Athene, die die Unterweisungen und Vorbereitungen überwachte, die für die Entwicklung des aufnahmefähigen Bewußtseins derjenigen nötig waren, die die „Mundstücke" der Götter werden sollten wie etwa die vestalischen Jungfrauen oder das Orakel von Delphi.

Die geliebte Gott-Mutter, VESTA, war die ursprüngliche Göttin der Wahrheit. Sie übertrug Pallas Athene diese Ehre und diesen Dienst. Die Orakel von Delphi gaben ursprünglich die volle Wahrheit weiter. Doch später errichteten gewisse niederträchtige Kräfte ähnliche Tempel der Wahrheit und zogen Männer und Frauen in ihren Bann, die nicht stark genug waren, um der Versuchung von persönlichem Gewinn und Schmeicheleien zu widerstehen – und diese verhängnisvollen Kräfte, die vorgaben, den Menschen die Wahrheit zu vermitteln, führten dazu, daß die Delphischen Orakel in Mißkredit gerieten.

Die geliebte Göttin der Wahrheit, wie auch die Göttin der Reinheit und die Göttin der Gerechtigkeit, gehören nicht zu denen, die von der Menschheit in besonderem Maße „umworben" werden, da den Menschen in aller Regel die scharfe Schneide der Wahrheit nicht behagt. Aus diesem Grund ist die Göttin der Wahrheit größtenteils im Herzen der Stille verblieben und die Wahrheit ist in verschleierter Form vermittelt worden in den verschiedenen geistigen, erzieherischen und inspirierenden Lehren, die entstanden sind.

Die Göttin der Wahrheit ist stets bereit, ihre Unterstützung zu gewähren und erwartet lediglich, daß man sie darum bittet. Bitte die Göttin der Wahrheit (die geliebte Pallas Athene) in deinen täglichen Anrufungen dir zu helfen und du wirst von diesem mächtigen Wesen Segnungen erhalten, die alles übertreffen, was du dir momentan vorstellen kannst.

Es ist eine der schwierigsten Aufgaben für den Schüler, die notwendige Unterscheidungskraft zu besitzen, die befähigt, einen Vergleich zwischen mehreren "Botschaften der Meister" zu stellen und unter ihnen die wahre Botschaft zu erkennen. Es erfordert große Geduld und man muß viel an Zeit investieren, um die durchgegebenen Botschaften zu vergleichen.

Der geliebte Aufgestiegene Meister Lanto sagte in Bezug auf dieses Problem:

„Um Wahrheit wahrnehmen zu können, bedarf es des Friedens im Geiste; dieser kommt durch Verstehen. Das Erste, das der Jünger zu lernen hat, ist zwischen den unterschiedlichen Schilderungen der Wahrheit zu unterscheiden, zu erkennen, welche von ihnen den vollständigeren Ausdruck der Wahrheit darstellen. Der Jünger muß sich hier u.a. von den Worten des geliebten Aufgestiegenen Meisters Jesus leiten lassen: „Nicht alle, die in meinem Namen kommen, habe ich gesandt."

„Der Schüler muß besonders auf der Hut sein, nicht die Aussagen abweichender Lehren anzunehmen, die in der Regel nicht durch wichtige Unterschiede in der Lehre begründet sind – worüber sie nicht sprechen – sondern vielmehr ihren Ursprung im persönlichen Ehrgeiz ihrer selbsternannten Anführer haben, die sich häufig die ursprüngliche Lehre aneignen und sie als neu und besser präsentieren, ohne einen Beweis für ihre Behauptung zu liefern."

Die Roben der Bruderschaft auf Kreta sind aus reinem Weiß, mit Farbstufen von grün am Ärmel und Saum. Über dem Herzen ist eine goldene, brennende Lampe eingestickt, die einer alten Öllampe ähnelt, ein Symbol, das Diogenes (412 v. Chr.) in die Arbeit der Bruderschaft eingeführt hat zu der Zeit, da Hilarion Mitglied dieser Bruderschaft war. Dieses Symbol steht für die unermüdliche Suche nach der Wahrheit, einem Gelübde, das von allen Mitgliedern der Bruderschaft abgelegt worden ist.

JEDER GROSSE AVATAR, MESSIAS ODER LEHRER EINER JEDEN RELIGION AUF ERDEN SPENDET DIESEM TEMPEL EINEN TEIL SEINER ODER IHRER ZEIT UND ENERGIE, EBENSO WIE EIN ARZT EINEN TEIL SEINER ZEIT, FÄHIGKEITEN UND ENERGIE einer kostenlosen Praxis für Arme in seiner Nachbarschaft widmet. Somit enthalten die Energien des Tempels der Wahrheit die GESAMMELTEN ENERGIEN von göttlich-freien Wesen, die der Menschheit durch die Zeitalter hindurch die Lehren der Großen Weißen Bruderschaft nahegebracht haben.

Ein jedes intelligentes Wesen, das sich darum bemüht hat, die Wahrheit über ein JEGLICHES Thema herauszufinden, das der MENSCHHEIT ERLEUCHTUNG bringen würde, ist von dieser Flamme der Wahrheit unterstützt worden. Eine jede Sparte des Lebens – Regierung, Erziehung, humanitäre Zwecke, Kunst, Wissenschaft, Religion oder Zeremonien – hat in der materiellen Welt hingebungsvolle Menschen gesehen, Männer und Frauen, die sich dem höchst entwickelten Ausdruck dieser Berufe verschrieben haben.

Diese Bruderschaft ist auch die schützende Gegenwart jener Personen, die an dem wissenschaftlichen Behandeln und Heilen von Krankheiten interessiert sind – Ärzte, Krankenschwestern und jene, die sich für das Erforschen der physischen Ursachen von Krankheiten interessieren.

Der geliebte Hilarion, der jene selbstgerechte Entrüstung erlebt hat, die in einem Bewußtsein aufkommt, das davon überzeugt ist, daß Verfolgung ein gerechtes Mittel ist, um Unrecht auszugleichen, hat bei seinem Aufstieg gelobt, allen Menschen mit ähnlichen Verirrungen zu helfen. Er war es, der als Saul von Tarsus die Christen verfolgte und später, wie ihr wißt, der Heilige Paulus, der Apostel wurde. Er hat darum gebeten, daß alle uns bekannten wie auch die vielen unbekannten Menschen, die kein Vertrauen zur Unsterblichkeit des Lebens haben, in seinen Schutz überwiesen werden mögen, ebenso alle Materialisten, Agnostiker und Skeptiker, auf daß er ihnen zu einem korrektem Verständnis der Wahrheit verhelfen möge.

ANSPRACHE VON HILARION

Es kann gar nicht stark genug betont werden, daß Energie, vom kleinsten Atomkern zur größten Sonne, INTELLIGENT ist! Und diese Energie gehorcht den schöpferischen Gedanken- und Gefühlszentren im Menschen. Durch das Qualifizieren von Energie entsteht eine URSACHE, diese Ursache wird ins Universum hinausgesandt und ruft eine WIRKUNG hervor, diese Wirkung wiederum hat eine Rückwirkung auf den Schöpfer der Energie und die Reaktion des Schöpfers auf die Wirkung (emotional, mental, ätherisch oder physisch) läßt eine weitere Ursache entstehen. Somit entstehen ineinander verschachtelte Kreisläufe. Wenn der

Schöpfer die zurückkommende Energie als etwas anzunehmen lernt, das er selbst in die Welt hinausgeschickt hat, wird er schnell einsehen, daß es klug ist, nur KONSTRUKTIVE URSACHEN auszusenden, und daß er nicht eine Kettenreaktion auslösen sollte, durch die eine neue Reihe von Ursachen und Wirkungen ins Leben gerufen würde. Einige aufrichtige Seelen haben dieses Gesetz fehlinterpretiert, indem sie den peinigenden Rückstrom ihrer eigenen mißqualifizierten Energien akzeptieren und fromm sagen: „Es ist Gottes Wille!" Andere lehnen sich auf und sagen, es gäbe keinen Gott. Keine dieser Behauptungen entspricht natürlich der Wahrheit, aber es handelt sich hierbei um zwei Extreme menschlicher Reaktionen, die durch die Bruderschaft der Wahrheit durch geduldiges Lehren, Rat- und Beispielgeben korrigiert und erleuchtet werden müssen.

Jeder Gedanke und jedes Gefühl, jede Tugend und jedes Laster tragen zu einem „Massenbewußtsein" jener besonderen Qualität bei, und in diese Schicht strömen ständig die qualifizierten Energien aller intelligenten Wesen. Jeder verbindet sich mit diesem „Massenbewußtsein" und holt aus ihm bestimmte Gedanken und Gefühle. Es gibt auch eine Ebene der Qualitäten und Tugenden der Aufgestiegenen Meister.

LIEBE ist nur einer der vielen göttlichen Aspekte des göttlichen Bewußtseins. Wenn jemand liebt, verbindet er sich sogleich mit der Ebene der Meister und wird im Bewußtsein eins mit den Meistern.

WEISHEIT ist ein weiterer Aspekt; wenn jemand nach Weisheit sucht, wird er sogleich verbunden mit den Schwingungen der Weisheit, die vom Geist Gottes genährt und von allen Schülern der Welt „angezapft" werden.

Dies trifft auch für die unharmonischen Qualitäten zu. Man kann nicht einen Gedanken von Eifersucht, Argwohn, Haß oder Zorn hegen, ohne sogleich EINS zu werden mit der Ebene dieser Qualitäten sowie sämtlichen Menschen, die sich auf ähnliche destruktive Gedanken und Gefühle eingeschwungen haben. AUFGRUND SEINES FREIEN WILLENS BEWEGT SICH DER MENSCH STÄNDIG AUF UND AB IN DEN VERSCHIEDENEN EBENEN, SOWIE SICH DIE GEDANKEN UND GEFÜHLE ÄNDERN.

Die Neigung, andere Menschen in Besitz zu nehmen, ist zum Beispiel eine fürchterliche Emotion, die die göttliche Energie vergeudet und das Objekt seiner Zuneigung erstickt. Klatsch ist fast das Heimtückischste, denn durch das Ausstreuen von Gift werden in vielen Menschen emotionale Wirbel in Gang gesetzt, und im Handumdrehen hat man eine innerliche Brandkatastrophe verursacht. Was du im Geist eines anderen säst und was dort in der Folge wächst, IST DEIN KARMA! Ein jedes Wort aus deinem Mund, das das Bewußtsein eines anderen verschmutzt, ist SÜNDE.

Dies ist auch dann der Fall, wenn es auf sogenannten Tatsachen beruht, und unabhängig davon, ob es andeutend oder als direkter Vorwurf formuliert ist. Warum? Weil du hiermit die Schatten der Welt nährst und weil du nicht die Wahrheit sprichst! Die Wahrheit über jeden Mann, jede Frau und jedes Kind auf diesem Planeten IST NUR GUTES! Für jeglichen Makel, den du an einem anderen mit deinen Augen siehst oder mit deinen Ohren hörst und dann an einen dritten weiterträgst, bist du vor dem Kosmischen Gesetz verantwortlich, und du wirst auf die eine oder andere Art dafür zu bezahlen haben!

Kritisieren, Verdammen und Verurteilen sind ebenfalls nahe verwandt. Die schweigende Kritik beim Erkennen von Fehlern und Mängeln bei anderen stört die Gefühle des eigenen Gefühlskörpers und verursacht Disharmonien, die zu Störungen im körperlichen Bereich führen; die GEÄUSSERTE Kritik jedoch versetzt die Gefühlskörper der anderen in die gleiche Schwingungslage und die unselige Wirkung dessen kennt keine Grenzen. Die Wirkung der wahrlich niederträchtigen Gefühle wie Eifersucht, Haß, Zorn und Boshaftigkeit sind offensichtlich. Der strebsame Schüler sollte sie zu jeder Zeit vermeiden. Er sollte entweder schweigen oder nur Worte der Wahrheit sprechen.

Musikalisches Zwischenspiel

Während die Aufmerksamkeit auf den geliebten Aufgestiegenen Meister Hilarion und die Bruderschaft der Wahrheit auf Kreta gerichtet wird, sollte passende Musik gespielt werden. Das Lied „Onward, Christian Soldiers" enthält die Erkennungsmelodie des Retreats über Kreta sowohl als auch die von Hilarion.

ERZENGEL RAPHAEL, DER ERZENGEL DER HEILUNG UND WEIHUNG

Jenes prachtvolle Wesen, das uns als Erzengel Raphael bekannt ist, hat einen Teil seines Lebens und seines Dienstes dem Aussenden von Heilungsstrahlen aus dem prächtigen Tempel des Lichtes gewidmet, in dem er in den höheren Sphären von Gottes Vollkommenheit lebt. Diese Heilungsstrahlen fließen nicht nur zu den Leidenden in der physischen Welt sondern auch zu allen leidenden Lebewesen in den astralen und psychischen Ebenen, die die Erde umgeben. Lord Raphael bezieht diese Heilungsenergie von der Sonne unseres Systems und den Gott-Eltern, Helios und Vesta, die unseren Planeten und alle anderen Planeten dieses Systems entworfen haben. Das Wort „Heilen" kommt von dem Namen Helios.

Ebenso wie eine Autobatterie, die an ein Ladegerät angeschlossen ist, Strom aufnimmt, um Energie an ein Fortbewegungsmittel weiterzugeben, so nehmen die Erzengel, die Schar der Engel, die Seraphim und die Cherubim durch ihre rhythmische Aufmerksamkeit und Anbetung ihrer göttlichen Quelle jene spezifischen Qualitäten Gottes in sich auf, die sie an einen anderen Teil des Lebens senden wollen, um diesem zur Vollkommenheit zu verhelfen.

Lord Raphael stellt der Schar der Engel Schulräume zur Verfügung, in denen die Engel auf ihren Dienst vorbereitet werden, indem sie lernen, wie sie mehr Heilungsenergie aus der göttlichen Quelle ziehen und diese in sich halten können, bis sie die Welt des Bittstellers erreichen, der um diese Energie gebeten hat. Haben sie gelernt, diese Heilungsessenz zu halten, werden sie zur Erde geschickt, um leidenden Menschen diese mit der Kraft der Heilung qualifizierte Substanz zu überbringen.

Der göttliche Plan für die Erde und seine Bevölkerung besteht darin, daß die Schar der Engel, das Reich der Menschen und das Reich der Elementalwesen gemeinsam in Harmonie dienen sollen – und die Vollkommenheit des Königreichs Gottes auf Erden erschaffen. Wie Jesus sagte: „Dein Reich komme, Dein Wille geschehe, wie im Himmel so auf Erden!"

LORD RAPHAEL SEGNET AUCH DIE WESEN, DIE GOTT UND DEN MENSCHEN in der physischen Welt DIENEN WOLLEN. Über projizierte Lichtstrahlen, die sich mit den Energien derer verbinden, DIE EINE INNERE BERUFUNG IM LEBEN VERSPÜREN, strömen er und seine Engel ihre Gefühle von Glauben, Liebe, Beständigkeit, Weisheit und wessen es auch immer bedarf aus, um solch einem Menschen zu helfen, seiner BERUFUNG TREU zu bleiben.

Die geliebte Maria, die Mutter von Jesus, ist der Archai (Zwillingsstrahl) von Erzengel Raphael; sie dient dem Leben und der Menschheit auf vielerlei Weise, u.a. ist sie Leiterin aller Heilungsaktivitäten auf unserer Erde.

ANSPRACHE VON ERZENGEL RAPHAEL

Darf ich mich vorstellen? Ich werde der „Erzengel der Weihung und Hingabe" genannt. Es ist mein besonderer Dienst für dieses Weltensystem, an der Spitze einer herrlichen Legion von Wesen zu stehen, die den Strahl des All-Ewigen Gottes in jene Lebensströme hineinleiten, die ihre Lebensenergien einem speziellen humanitären Dienst weihen, um die Menschheit zu segnen. Meine Flamme und mein Strahl sind in dieser Aktivität eins mit Hilarions Strahl, und seine Farbe ist ein wunderschönes Grün.

Jeder Arzt und jede Krankenschwester, jeder Priester, jede Nonne, jeder Geistliche, Pfarrer und Rabbi, JEDER JÜNGER UND EINGEWEIHTE, DER AUS FREIEM WILLEN SEINE ENERGIEN DEM WOHLE DER MENSCHHEIT WIDMET, KOMMT UNTER MEINE BESONDERE SEGNUNG, STRAHLUNG UND OBHUT.

Die Weihung und Hingabe der Engel, Devas, Meister und der Vertreter der anbetenden Gruppe tragen die von mir ausgeschüttete Energie über den Grünen Strahl zu ihnen. FÜHLT nun einen Moment lang eure persönliche Gott-Weihung. Visualisiert dieses Licht, wie es aus dem Herzen des Universums fließt und jeden einzelnen eurer inneren Körper belebt.

WEIHT nun bewußt:

Euren Geist und euren Körper, auf daß sie den göttlichen Plan des Vaters empfangen mögen, eure Gefühle, auf daß sie Hilfreiches, Konstruktives und Gutes ausstrahlen mögen, euren Ätherkörper, auf daß er nur Vollkommenheit registrieren möge, euren physischen Körper, auf daß er nur Gesundheit und Harmonie ausdrücken möge, eure Augen, auf daß sie Vollkommenheit sehen und alles Leben segnen mögen; eure Ohren, auf daß sie die Harmonie des inneren Lichtes, die Stimme des Meisters oder den Ruf eines Mitmenschen um Hilfe hören mögen; eure Lippen, auf daß sie jene Worte formen mögen, die Hoffnung, Glauben und die Zuversicht des Himmels in das Bewußtsein derer bringen, die durch ihre Sinne gefesselt sind, eure Hände, auf daß sie heilen mögen, eure Füße, auf daß sie auf dem Pfad schreiten mögen, so wie es von jenem Gott, der euch erschaffen hat, vorgesehen ist; euer Herz, auf daß es ein Kelch sei für das Heilige Feuer, und auf daß euer gesamtes Wesen dem göttlichen Dienst gewidmet und geweiht sein möge. DIES IST MEIN DIENST GEGENÜBER DEM LEBEN!

Kontemplation

Während die Aufmerksamkeit der Gruppe bei Erzengel Raphael und Mutter Maria ist, sollte das Lied „Whispering Hope" (welches ihre Erkennungsmelodie enthält) gespielt werden.

VISTA, DER ELOHIM DES FÜNFTEN STRAHLS

Der geliebte Elohim, bekannt unter dem Namen Vista, ist das Alles-sehende Auge Gottes dieser Erde; er ist auch der Elohim der Konzentration, der Weihung, der Heilung und der Musik. Gemeinsam mit seiner Göttlichen Ergänzung, KRISTALL, bemüht er sich, durch die Kraft harmonisch qualifizierter Musik das physische, mentale, emotionale und ätherische Bewußtsein der gesamten Menschheit zu heben und den Zustand ungestörter Harmonie aufrecht zu erhalten, so daß ihre Energien zu der Musik der Sphären beitragen können. Die Kraft der Konzentration ist erforderlich, um jegliches würdiges Vorhaben zur Manifestation zu bringen, und der mächtige Vista wird allen behilflich sein, die ihn anrufen.

Wie ihr Name schon andeutet, strömt die geliebte KRISTALL eine kristallene Substanz aus, DIE GEHIRN, SEELE, INNERE KÖRPER UND SOGAR DEN PHYSISCHEN KÖRPER REINWÄSCHT VON ALL DEN FALSCHEN VORSTELLUNGEN UND UNWAHRHEITEN, DIE SICH IM LAUFE VON JAHRHUNDERTEN ANGESAMMELT HABEN.

ANSPRACHE VON ELOHIM VISTA

Ich bin Vista, das Alles-sehende Auge des ewigen Gottes! Ich bin der ELOHIM DER KONZENTRATION und WEIHUNG – neben vielen weiteren unterschiedlichen Aufgaben – und ich bin der Elohim der Musik .

Was kann man auf Erden – auch bei irdischen Aktivitäten des täglichen Lebens – erreichen ohne Konzentration, von einer einfachen Aufgabe, ein Küchenrezept zu erlernen, bis hin zu hochentwickelter Technik, die liebliche Musik zu spielen vermag, der höchsten Entwicklung der Wissenschaft oder der herrlichen Vollkommenheit eines Ausbilders, Predigers oder Staatsmannes? Ohne Konzentration erreicht man nur Mittelmäßigkeit, man bleibt rein an der Oberfläche. Diejenigen, die sich entschieden haben, über das Niveau der breiten Masse hinaus zu wachsen, suchen sich EINE Facette des Lebens aus und entwickeln diese zur Meisterschaft – sie haben sich innerlich entschieden, sich in mindestens EINER Sparte auszuzeichnen; gemäß ihrer Konzentration stellt sich bei ihnen Meisterschaft und Erfolg ein.

Nachdem wir, die Elohim, durch den Strahl des Elohim der Reinheit schauten und die Schönheit und Vollkommenheit des göttlichen Entwurfes für diesen Planeten sahen – was wäre als nächstes zu tun wenn nicht zu konzentrieren, also Energie anzuziehen und sie um jene konvexen Strahlen zu konzentrieren, die den Entwurf der Erde enthielten? Wir mußten die LICHTSUBSTANZ KONZENTRIEREN, um dem Planeten genug Masse zu geben, um Land und Wasser tragen und die gesamte Form halten zu können. Hätten wir die ersten vier Stufen durchschritten und uns dann geweigert, uns auf diese Aufgabe zu KONZENTRIEREN, bis der Planet schließlich begann, sich um seine Achse zu drehen, – was wäre das Ergebnis gewesen? Es hätte nie einen Planeten Erde gegeben!

Es ist Gesetz – tatsächlich existierendes wissenschaftliches Gesetz daß alles, was du beginnst, VOLLENDET WERDEN KANN, insofern es mit Gottes Plan, Vollkommenheit zu manifestieren, vereinbar ist; sei es Heilung, Präzipitation, finanzielle Freiheit, ewige Jugend, oder das Nachwachsen einer Gliedmaße. Doch das „Dranbleiben", das ein wichtiger Aspekt meines Strahles ist und das Qualifizieren der Energie mit meiner Schwingung sind erforderlich, um diese Ergebnisse zu erzielen.

Die größten Hindernisse auf dem Weg zu erfolgreicher Präzipitation sind Entmutigung und Zweifel. Ich habe Männer und Frauen auf der Schwelle zu großem finanziellen Wohlergehen gesehen, die WENIGER ALS EINE STUNDE von ihrer finanziellen Freiheit entfernt ihr Projekt aufgegeben haben! Dies trifft auch auf das Heilen zu. ICH BITTE EUCH INSTÄNDIG – entscheidet euch für eine Idee, ein Vorbild, einen Plan zur Manifestation und ZIEHT ES DURCH! ZIEHT ES DURCH! ZIEHT ES DURCH! KONZENTRIERT euch auf eure Idee, bis ihr sie verwirklicht habt!

KONZENTRATION und WEIHUNG sind nahezu ein und dasselbe, DENN ALLES, WAS DU TUST, DAS EINMAL VON BELANG SEIN SOLL, ERFORDERT DIE WEIHUNG DEINES LEBENS. Es ist die Weihung [im Sinne von Widmen; Anm. d. Übers.] all deiner Energien der Manifestation einer Sache, die dir Meisterschaft über diese irdische Welt verleihen wird.

Habt nicht den Eindruck, daß der Wunsch nach Meisterschaft über finanziellen Mangel oder Not in der physischen Welt selbstsüchtiger Natur sei, den das gesammelte Momentum eurer Meisterschaft kommt dem Bewußtsein der Menschheit als ganzer zugute.

Als Elohim der Musik, dem großen Musiker, ist es mir eine Pflicht dafür zu sorgen und eine Freude zu sehen, daß der kosmische Ton und die kosmische Symphonie des gesamten Planetensystems den Ohren des Allmächtigen Gottes ein Wohlgefallen sind und daß sie in Harmonie stehen zu den kosmischen Symphonien aller anderen Planetensysteme dieser Galaxie. Es ist meine Pflicht gewesen, die Erde und alle ihre Evolutionen in eine Substanz zu hüllen, durch die die unharmonischen Klänge des dunklen Sternes (die Erde) nicht hindurchdringen und die Musik der Sphären negativ beeinflussen konnten.

Wollt ihr, die ihr an der Errichtung des Goldenen Zeitalters auf dieser Erde mitwirken wollt, versuchen ein wenig Musik beizutragen – Musik aus eurem Herzen? Es ist nicht immer der hörbare Klang der Stimmbänder, der zur Musik der Sphären beiträgt. *Es sind die Gedanken, Gefühle und Worte eines Menschen, die um ihn herum eine Aura entstehen lassen, die Harmonie, Frieden und Heilung ausstrahlt.* Im Namen der Musik bitte ich also eure Seelen singen zu lassen, während ihr höchst irdische Tätigkeiten des alltäglichen Lebens verrichtet. Im Licht gibt es keine höhere oder niedrigere Berufsstellung, es gibt nur das ewige JETZT, und der Gesang der Seele, der die Aura und die Atmosphäre erfüllt, in der ein hingebungsvoller Jünger lebt, ist das größte Geschenk, das gemacht werden kann. Der Gesang von harmonischen Gefühlen, die ausgestrahlt werden, wie die Sonne ihre Strahlen aussendet – dies ist eine der Tätigkeiten meiner Wenigkeit.

Mein Dienst umfaßt auch das Heilen. Ihr werdet verstehen, wie die Aktivitäten der Harmonie und der Musik mit der Aktivität des dauerhaften Heilens verflochten sind – dem Heilen allen Leides, sei es sittlich, geistig, emotional, ätherisch oder körperlich. Dieses Heilen kann augenblicklich geschehen, wenn das GESAMMELTE KOSMISCHE MOMENTUM von mir, der geliebten Kristall, Raphael, der geliebten Maria und Hilarion herbeigerufen wird, um euch den gesamten Druck und die gesamte Kraft des Momentums des Heilens zu verleihen, das unser ist.

Dieses Momentum steht euch in dem Maße zur Verfügung, WIE IHR ES AKZEPTIERT UND ANWENDET. In Ergänzung zu meinem Bestreben, in Sachen Heilung behilflich zu sein, stellt meine geliebte Kristall die gesamte reinigende Essenz ihres KRISTALLENEN STRAHLES zur Verfügung, der – indem er durch das emotionale, gedankliche, ätherische und physische Bewußtsein strömt, AUGENBLICKLICH DAS KARMA VON MILLIONEN VON JAHREN HINWEGZUSPÜLEN VERMAG, anstelle von Stück für Stück, jedes Krümelchen einzeln. Ruft meine Geliebte an und gestattet jener kristallinen Substanz, euren Lebensstrom reinzuwaschen, bis er so rein ist, wie er zu Anbeginn war, als ihr von Gott erschaffen wurdet – göttliche Wesen.

Ein jeder von euch sollte ein Christus sein, eine äußere Manifestation eurer eigenen I AM Gegenwart. Wenn die schöne Essenz der geliebten Kristall durch euch fließt, NEHMT SIE AN! Wenn die schöne Essenz der Weihungsflamme von Lord Raphael eure Sinne wieder einsegnet, NEHMT SIE AN! Wenn die Persönlichkeit der geliebten Maria euch ihre heilende Gnade schickt, NEHMT SIE AN! Wenn die Stärke der Wahrheit des großen Hilarion diese Worte der Wahrheit in eure Gefühlswelt schickt und schickt und schickt, NEHMT SIE AN! Laßt mich euch behilflich sein bei der Verwirklichung eures göttlichen Planes in Bezug auf Musik, Harmonie und Frieden!

DIE SIEBEN SCHRITTE DER PRÄZIPITATION
Von Elohim Vista

Als ich in der Atmosphäre der Erde stand und den liebevollen Schweigenden Wächter betrachtete, dachte ich zurück an jenen Tag, an dem der erste Aufruf der Gott-Eltern unseres Systems (Helios und Vesta) kam, als wir den WILLEN faßten, an der Schöpfung teilzunehmen. Ich dachte an jene Zeit, in der wir gemeinsam mit dem mächtigen Herkules sagten:

(1) Ja, wir wollen dienen, und

(2) als die große WEISHEIT, das WAHRNEHMUNGSVERMÖGEN und die ERLEUCHTUNG Cassiopeas uns deutlich zeigten, was zu tun war, und als die

(3) LIEBE Orions unsere Herzen mit einer verstärkten Bereitschaft erfüllte, unsere anderen Beschäftigungen auf kosmischen Ebenen zu unterbrechen und RHYTHMISCH je-

den Dienst zu leisten, der erforderlich war, um jene kleine, doch feine „Perle" – eure Erde – aus dem Ungeformten ins Geformte zu überführen, als wir

(4) mit dem Kristallenen Strahl der REINHEIT schauten und den göttlichen Entwurf und die Vollkommene Vorstellung von Helios und Vesta für die Erde und ihre Evolutionen sahen, sahen wir, daß dieser göttliche Plan schön und gut war, und daß er die Erde buchstäblich zu einer „Perle" in diesem Planetensystem machen würde – daß ihr Licht, ihr Duft und ihre Musik zu der Schönheit der Galaxie beitragen würde.

(5) Dann kam mein Beitrag. Ich bin jener, der als der STRAHL DER KONZENTRATION bekannt ist.

(6) Nach meinem Dienst kam der des mächtigen Arkturus des Siebten Strahles – der den RHYTHMUS DES ANRUFENS und DER UMWANDLUNG DURCH DAS VIOLETTE FEUER repräsentiert, sowie der des

(7) Elohim des FRIEDENS des Sechsten Strahles, dessen Dienst darin besteht, die vollendete Schöpfung in den Schutz und die Vollkommenheit des Kosmischen CHRISTUS-FRIEDENS zu hüllen!

GRUPPENANRUFUNG (Gruppe steht)

(a) Geliebte mächtige siegreiche I AM Gegenwart, ich rufe die geliebte Aufgestiegene Meisterin KRISTALL (Göttliche Ergänzung zum Elohim Vista) an, auf daß sie die reinigende Essenz ihres Kristallenen Strahles in meinen Gefühls-, Gedanken-, Äther-, und physischen Körper sowie den der gesamten Menschheit strömen lassen möge. Geliebte Kristall, laß' deine kristallene Substanz durch mich hindurch strömen und wasche meine vier niederen Körper rein von den Disharmonien aus Millionen von Jahren. Halte diese Aktivität aufrecht, bis das Karma aller Zeitalter hinweggespült und die ursprüngliche Reinheit und Vollkommenheit der vier niederen Körper wieder hergestellt ist. Ich akzeptiere, daß dies jetzt geschieht, mit ganzer Kraft!

(b) Geliebte mächtige I AM Gegenwart, ich rufe die geliebte Pallas Athene, Göttin der Wahrheit, und den geliebten Hilarion an, auf daß sie die Grüne Flamme der Wahrheit in mir und der gesamten Menschheit LODERN, LODERN, LODERN lassen und diese Aktivität für immer aufrecht erhalten mögen. Deckt alles auf, das nicht im Einklang mit dem göttlichen Plan für die Erde ist!

c) Geliebte mächtige I AM Gegenwart, ich gelobe ein geweihter Tempelwächter des Tempels der Wahrheit zu sein. Zeige mir bitte welchen Dienst ich leisten soll.

VISUALISATION

a) Richtet eure Aufmerksamkeit auf die geliebte Mutter Maria, Hilarion, Erzengel Raphael, Elohim Vista sowie den Engeln des Schutzes, des barmherzigen Dienens und der Zeremonie, die uns in dieser Gruppenstunde unterstützten.

b) Sendet ihnen eure Liebe und Dankbarkeit für ihren Dienst.

c) Fühlt euch umgeben von einer Säule der grünen Flamme der Wahrheit.

d) Dehnt diese Flammensäule aus, so daß sie eure Stadt, euer Land, Europa und den ganzen Erdball umhüllt.

SEGENSSPRUCH

Gruppenleiter: Eingehüllt in eine mächtige Säule der Grünen Flamme der Wahrheit aus den Herzen des geliebten Erzengels Raphael, der Aufgestiegenen Meisterin Maria, des Elohim Vista und des Aufgestiegenen Meisters Hilarion danken wir den Aufgestiegenen Heerscharen des Lichtes für ihr beständiges Ausströmen von Liebe, Weisheit und Kraft. Sorgt dafür, daß wir der Flame der Wahrheit geweiht bleiben. Möge sich der göttliche Plan in allem Leben manifestieren.

Wir danken den geliebten Erzengeln Michael und Uriel sowie den Schutzengeln, den Engeln der Zeremonie und den Engeln des barmherzigen Dienens, die uns in unserer Gruppenarbeit unterstützt haben. Nehmt unsere Energie auf und vervielfacht sie durch eure mächtige Liebe. Leitet sie nach Norden, Süden, Osten und Westen und hüllt die Erde in die ausgeströmte Grüne Flamme der Wahrheit.

(Kurze Pause)

Möge der Segen und die Liebe des allmächtigen Gottes und der Friede, der höher ist als alle Vernunft, mit jedem Einzelnen von euch sein. Möge das Licht der Gnade und Barmherzigkeit Gottes euch beschützen und auf eurem geistigen Pfade führen, hin zur Erleuchtung und zu ewiger Freiheit.

(Kurze Pause. Der Gruppenleiter sendet gedanklich die gesammelte Energie zum Kraftfeld über dem Ort des Treffens. Dann löscht er die Kerzen, beginnend mit der rosa Kerze, anschließend die gelbe und blaue.)

Spielt passende Musik um die Schwingung aufrecht zu erhalten.

Lektion 13

DER SECHSTE STRAHL

FEIERLICHES ENTZÜNDEN DER KERZEN (Altardienst)

Nach Begrüßung der Teilnehmer durch den Gruppenleiter und begleitet von passender Musik, wie z. B. „Bells of the Meadows", spricht der Akoluth (Altardiener) oder Gruppenleiter die folgende Invokation:

SEI GEGRÜSST, Du All-erfüllendes, All-durchdringendes Licht des Universums, Du Urquell des Lebens, „I AM." Indem wir jetzt diese drei Flammen entzünden als Symbol für die dreifältige Aktivität des Lebens, verneigen wir uns vor dem Licht des Lebens:

Den Vater (die blaue Kerze entzünden),
Den Sohn (die goldene / gelbe Kerze entzünden),
Und den Heiligen Geist (die rosa Kerze entzünden).

Geliebte I AM Gegenwart, komme nun und übernimm Deine rechtmäßige Autorität über die vier niederen Körper aller Deiner Kinder und zeige uns, wie wir in Demut und Ehrfurcht die vollkommen harmonische Aktivität von Liebe, Weisheit und Macht, die du bist, in unserem Leben verwirklichen können.

Hilf uns, vollkommene Harmonie, Gesundheit und Wohlstand zu erreichen und aufrecht zu erhalten. Laßt den göttlichen Plan durch jedes Lebewesen, das diesem Planeten angehört, verwirklicht werden.

Oh Erhabenes Höchstes Licht, wir erkennen Dich an in allem Leben und unser innigster Dank gilt Dir, den glorreichen Kosmischen und Aufgestiegenen Wesen, sowie den herrlichen Engelscharen. Während wir unsere Anrufungen vorbringen, bitten wir Euch, die Energien zu verstärken,

welche wir in dieser Zusammenkunft freisetzen, und mögen dieses Licht und die Lehren der Großen Weißen Bruderschaft sich immer weiter ausbreiten, beständig die Grenzen Deines Königreiches ausdehnend, in Erfüllung Deines Willens, „I AM"!

(kleine Pause)

INVOKATION (die Gruppe steht)

Gruppenleiter: Geliebte mächtige siegreiche Gott-Gegenwart, Du Urquell, der Du in jedem unserer Herzen verankert bist, wir lieben und verehren Dich. Wir erkennen Dich an als den Ursprung und Geber allen Lebens – unserem Leben, unserer Intelligenz und unserer körperlichen Substanz!

Wir rufen Euch an, geliebter Erzengel Michael, Erzengel Uriel und alle Aufgestiegenen Wesen des Sechsten Strahls, insbesondere Elohim Tranquilitas, die Aufgestiegene Meisterin Nada und den Aufgestiegenen Meister Jesus.

Während unsere tiefste Liebe und Dankbarkeit zu der Schar der Aufgestiegenen Lichtwesen strömt, die uns dieses Wissen gaben, laßt die rubinrote Flamme des Friedens durch und um uns lodern und für immer aufrechterhalten bleiben.

Hüllt uns ein in das Licht, die Liebe und die Kraft des siegreichen Vollbringens. Schützt und behütet uns, führt und leitet uns und helft uns, die Erleuchtung durch Wahrheit zu finden, die uns frei macht!

ÜBERBLICK ÜBER DIE LEKTION

Dies ist eine Lektion über die Gott-Tugenden des Sechsten Strahles, des Strahles des Friedens, des Dienens und der hingebungsvollen Anbetung. Pfarrer sind oft auf diesem Strahl.

Die Farbe des Sechsten Strahles ist rubinrot mit goldener Strahlung an ihrer äußeren Peripherie.

Die wichtigsten Repräsentanten dieses Strahles sind Erzengel Uriel, Elohim Tranquilitas und die Aufgestiegene Meisterin Nada. Der Aufgestiegene Meister Jesus gehört ebenfalls dem Sechsten Strahl an. Er war bis 1956 der Chohan dieses Strahles.

Bevor ihr mit dieser Lektion beginnt, wird empfohlen, die Bilder von Nada und Jesus zu betrachten und um das angesammelte Momentum ihrer Meisterschaft über Energie und Schwingung zu bitten.

DER SECHSTE STRAHL UND SEIN CHOHAN, DIE MEISTERIN NADA

Der Sechste Strahl repräsentiert die Tätigkeiten des FRIEDENS, der HINGABE und des BARMHERZIGEN DIENENS. Der Aufgestiegene Meister Jesus war der Chohan dieses Strahles bis zu seiner Beförderung zum Amt des Weltlehrers, zusammen mit dem Aufgestiegenen Meister Kuthumi, im Januar 1956. Jetzt hat die Aufgestiegene Meisterin Lady Nada das Amt des Chohans des Sechsten Strahles inne.

Die Meisterin Lady Nada machte ihren Aufstieg siebenhundert Jahre vor dem Meister Jesus, und sie hat der Verwendung der Rosa Flamme der Göttlichen Liebe einen enormen Impuls gegeben. Sie ist ebenfalls eine Botschafterin für den Gott und die Göttin Meru und deren Tempel der Erleuchtung, welcher sich über dem Titicaca-See in Peru, Südamerika, befindet.

Die Lady Meisterin Nada hat die Christlichen Dispensationen während der letzten zweitausend Jahre sehr stark unterstützt. Sie stand neben Saint Germain, während sie ihn bei seiner ersten Petition (Bittgesuch) für die I AM Dispensation unterstützte. Ein Ausdruck der Tätigkeiten von Nada ist die Hilfe bei Heilungen. Wir können sie ebenfalls zu Hilfe rufen bei der Auflösung schlechter Gewohnheiten und Problemen wie Drogen, Alkohol, Nikotin, Fleisch oder anderer schädlicher Stoffe.

Dieser Ruf kann auch für andere Personen gemacht werden (Wir können zu jeder Zeit um Vollkommenheit für andere Personen bitten). Nada gibt auch Beistand bei rechtlichen Angelegenheiten. Ihre überaus große Bereitschaft, selbstlosen Dienst zu leisten, strömt nun durch den Sechsten Strahl hervor. Nadas Erkennungsmelodie ist im Lied „My Hero" von Oskar Strauss's „Chocolate Soldier" enthalten.

ANSPRACHE VON NADA

Ich komme, um euch die Ausstrahlung reiner göttlicher Liebe zu bringen – dieser Liebe, die die fühlende Natur einhüllt und in den Geist eindringt, die Bitterkeit schmilzt und dem Körper Trost verschafft. Ich wurde für sehr lange Zeit ausgebildet, das potentielle Gute im Leben zu entwickeln, und ich habe lange vor meinem Aufstieg mit und unter der geliebten Charity (Zwillingsflamme von Erzengel Chamuel) gearbeitet.

Ich war eine von einer Reihe von Töchtern im Lande Mesopotamien. Alle waren so sehr talentiert und großartige Schauspielerinnen und ernteten sehr viel Beifall und Anerkennung, während ich mich sehr unzulänglich und minderwertig fühlte, bis mir die geliebte Charity half, die Kraft meiner Liebe zu verstärken, indem ich die Talente meiner Schwestern förderte.

Wenn man über all diese langen Zeiträume zurückschaut, werdet ihr denken, es wäre nicht so schwierig gewesen für ein kleines Kind, all diese Stunden im stillen Gebet zuzubringen, unpersönliche Liebe an meine talentierten Schwestern auszuströmen um damit ihre schon vorhandenen Talente noch weiter zu fördern.

Zu dieser Zeit begriff ich, was der Name „Nada" bedeutete, nämlich „Nichts", und in diesem Zusammenhang wird dieses Wort auch heute noch im Spanischen verwendet. Ich lernte die Eifersucht zu überwinden, die aus Angst und Unsicherheit entsteht. Als ich meine Schwestern in Schönheit und Anmut heranwachsen sah, wuchs gleichzeitig in mir die Fähigkeit zu Dienen, welche mich befähigte, anderen auf größerer Basis zu dienen.

Über lange Zeit hinweg war es meine Aufgabe, spirituellen Gemeinschaften auf der ganzen Welt zu dienen und während der Christlichen Dispensation, seit der großartigen Manifestation von Jesus' Sieg und Aufstieg war es eine Freude für mich, durch das Bewußtsein all derer zu arbeiten, die innerhalb der Christlichen Dispensation dienten und wann immer und wo immer es möglich war, einen Brennpunkt der Liebe zu verankern, welcher eine Gemeinschaft aufrechterhält gegen die Einprägung von persönlicher Unvollkommenheit und persönlichen Notlagen. Deshalb war es leicht für mich, die Gelegenheit, sowie die Verpflichtung auf mich zu nehmen, Chohan des Sechsten Strahles zu werden.

Musikalisches Zwischenspiel

Während die Aufmerksamkeit auf dem Bild der geliebten Nada ruht, kann die Erkennungsmelodie „My Hero" (Chocolate Soldier) von Oskar Strauss gespielt werden.

ANSPRACHE VON JESUS

Geliebte Kinder Gottes, ich komme, um euch mein Bewußtsein des siegreichen Vollbringens zu geben. Das was ich getan habe und durch eine physische Form, gleich der, die ihr heute habt, war nicht übernatürlich. Es war etwas, was für JEDEN Lebensstrom auf diesem Planeten gleichermaßen ausführbar ist. Mein Bemühen, diese Manifestation christlicher Erfüllung den Menschen vor Augen zu führen, diente lediglich dazu, EIN BEISPIEL ZU GEBEN, das jeden Mann, jede Frau und jedes Kind dazu bewegen möge, eine Handlung gleich der meinen anzustreben.

Einer der größten Fehler, der die Nachfolger der Christlichen Dispensation dazu brachte im Morast stecken zu bleiben war, mich ALLEIN zur Gottheit zu erheben und sie meinen Gefährten zu versagen. Die Meisterschaft, die zum Christus führt, ist für JEDEN möglich!

Bevor ich in meine letzte Verkörperung hineingeboren wurde, gab es schon viele Lebensströme, welche die Meisterschaft und den Aufstieg erreichten. Jedoch die Christliche Dispensation war meine große Gelegenheit, die Auferstehung zu manifestieren, die jedes Frühjahr so leicht vom Königreich der Natur vollbracht wird. Ich sollte kommen und die Göttliche Gegenwart auf die Erde bringen; ich sollte kommen, damit sich der Mensch zu einem Gottes-Mann entwickeln konnte, geboren zum Bild und Gleichnis des Vaters, der zuerst mich, und dann euch in der gleichen Art und Weise erschuf.

Für jede göttliche Schöpfung, ob es ein Engel, Deva, Seraphim oder ein Mensch ist, gibt es einen vollkommenen göttlichen Entwurf. Im Falle des Menschen wird sie die „Individualisierte I AM Gegenwart" genannt. Dieses göttliche Muster der Vollkommenheit wurde aus lebendigem Licht gebildet, und in seinem Herzen befindet sich die Unsterbliche Dreifältige Flamme des Lebens. Im Inneren dieser Flamme befinden sich Intelligenz und Bewußtsein.

Das ZWEITE KOMMEN DES CHRISTUS bedeutet das Erwachen vieler Männer und Frauen, welche die Herrlichkeit ihres göttlichen Musters und Planes persönlich ausdrücken. Dies war meine Botschaft – dies war meine Mission! Es war der Grund meiner Menschwerdung, der Grund für meine Erfahrung des Erdenlebens und weswegen ich den Menschen erlaubte, meine fleischliche Form zu verletzen. Ich erlaubte all dies, um zu beweisen, daß die Unsterblichkeit und Göttlichkeit des Gott-Vaters durch einen Menschensohn manifestiert werden können!

Seid ihr weniger als eine Blumenzwiebel, die erblüht, oder ein Same, der sich selbst nach seiner Art vermehrt? Seid ihr weniger als ein Grashalm, weniger als ein Hühnerküken, das aus dem Ei schlüpft, dem Muster seiner Eltern folgend? Oh nein! IHR SEID VIEL GROSSARTIGER! Ihr habt Etwas, das nicht ein Geschenk des Königreiches der Natur ist – DEN FREIEN WILLEN! Durch den Gebrauch dieses Geschenkes des freien Willen habt ihr beschlossen, den Gott, der euch erschaffen hat, (und der in euren Herzen lebendig ist) NICHT zu seiner vollen Pracht heranwachsen zu lassen.

DIE LEUCHTENDE GEGENWART JESU

Die Formulierung „IM NAMEN DES AUFGESTIEGENEN JESUS CHRISTUS" entfaltet, wenn sie ausgesprochen wird, eine bestimmte Vibration, die Wesen und Schwingungen abwehrt, die nicht die besten Absichten haben. Wenn irgend etwas versucht, zu stören und du zuerst deine eigene I AM Gegenwart anrufst, und dann im Namen des Aufgestiegenen Jesus Christus dieser Störquelle BEFIEHLST, zu gehen, dann – WIRD ES GESCHEHEN! Das was nicht des Lichtes ist, z. B. dunkle Mächte, werden bei der Erwähnung dieses heiligen Namens augenblicklich verschwinden. Der Meister selbst sagte: „Was ihr in meinem Namen erbittet, das wird geschehen!"

Heilung, Schutz und Vollkommenheit werden sich manifestieren, wenn die LEUCHTENDE GEGENWART JESU oder eines anderen Aufgestiegenen Meisters herbeigerufen und dann VISUALISIERT wird. Wenn du in deinem Geiste (welcher ja visualisiert) den Aufgestiegenen Jesus Christus in strahlend weißem Licht über dir stehen sehen kannst und er dich einhüllt in sein strahlendes Licht und du sein strahlend weißes Wesen fühlst, wie es wie es durch jeden Teil deines Körpers, deines Geistes, und deiner Gefühle strömt, kannst du durch diese Übung die darin innewohnende Kraft beweisen. Du kannst auch ein anderes Wesen, das du gerne unterstützen möchtest, in diese Leuchtende Gegenwart Jesu Christi einhüllen und beobachten, wie Heilung und Vollkommenheit hervorkommen, sobald das Licht all die Schatten ersetzt.

DER ERZENGEL URIEL

Erzengel Uriel dient auf dem Sechsten Strahl. Sein Dienst ist es, allen 10 Milliarden Menschen der Erde zu dienen. Er trägt die schönen rubinroten Roben des Sechsten Strahles und ist umgeben von Myriaden von Engelscharen. Seine Göttliche Ergänzung ist Archai Donna Grace. Viele seiner Engelscharen umgeben Institutionen wie Kerker, Spitäler, Gefängnisse und Altersheime, und einige seiner Engel sind immer zur Stelle, wenn sich eine Seele in Not befindet.

Die eigentliche Natur Uriels Dienstes, nämlich barmherziger Dienst, Anbetung und Verehrung Gottes bringt Frieden, welcher jeder dauernden Heilung des Geistes, des Körpers und sonstiger Angelegenheiten vorausgeht. Frieden geht den heilenden Strahlen voraus, denn wenn sich eine Person sich im Zustand der Aufruhr befindet, weist ihre Aura die Heilungswünsche zurück. Im Zustand des Friedens nimmt die Aura jedoch den heilenden Strahl an.

ANSPRACHE VON ERZENGEL URIEL

Ich bin der Geist des Dienens und der Barmherzigkeit! Ich bin der Geist des Friedens! Ich bin der Geist der Gnade! Ich bin der Diener des Einen Gottes und am heutigen Tage stehe ich vor jedem einzelnen von euch als euer Diener!

Wo immer der Name Gottes angerufen wird, still oder hörbar, da bin ich AUGENBLICKLICH mit der Fülle der Liebe, den Gnaden und Segnungen, der Heilung, dem Vertrauen und der Kraft des Allmächtigen. Entsprechend der Aufnahmefähigkeit wird der Segen gegeben.

Ich, Uriel, komme auf Einladung der Erdenmenschen in die Atmosphäre dieser Erde. Ich stehe in eurer Mitte und bringe euch die Fülle der Liebe Gottes. Ich sage zu eurem Bewußtsein, zu eurem Verstand und euren Körpern: „Im Namen des Einen Allmächtigen Gottes, *Friede sei mit euch! Friede sei eurem ringenden Bewußtsein, eurem rastlosen Verstand, euren ermüdeten Körpern – der Friede Gottes, der alle Vorstellungskraft des äußeren Verstandes übersteigt."*

Laßt den Frieden JETZT in jede Zelle und Faser eures Seins eintreten und ruht in dem Bewußtsein, daß ihr eingetaucht seid in die Gegenwart des Allmächtigen! Oh, ihr Kinder des Lichtes, Kinder Gottes, ihr seid ein Teil der Geistwesen des Ewigen! Gerade jetzt, in diesem Augenblick seid ihr *mitten* im Herzen dieses Vaters! Ihr lebt, bewegt euch, und – wahrlich – ihr habt euer Sein inmitten des lebenden, atmenden, intelligenten Körpers des Allgegenwärtigen Gottes, und egal, wie weit ihr in Gedanken auch abirren mögt, *ihr könnt niemals die Sicherheit Seines Herzens verlassen.* Es bedarf lediglich eures Erwachens zu eurer Gegenwart in diesem sicheren, geschützten, liebenden Herzen!

Von all den Engelscharen, welche die Inneren Sphären um euren Erdenplaneten bevölkern, sind die Legionen von Erzengel Michael, unserem Prinzen, und meine eigenen die größten. Wir sind die Diener Gottes und es ist unsere große Gelegenheit und Freude, in diesem Welten-System jenen Söhnen und Töchtern Gottes unseren Dienst zu erweisen, welche mittels ihrer Gedanken und Gefühle gewisse schmerzhafte Erfahrungen geschaffen haben und die in ihrer Not, früher oder später, zu ihrer Befreiung die höheren Kräfte um Beistand anrufen.

Wir sind diejenigen Legionen, welche die Anrufungen und die Gebete selbst des Geringsten aller Menschen beantworten. In abgestufter Ordnung reichen die Engel des Dienens und der Barmherzigkeit vom Herzen der Zentralen Sonne herunter bis in die psychisch-astrale Ebene, und sie umhüllen sogar den „Compound" mit einem Baldachin gedämpften Lichtes. [Der „Compound" wurde im Dezember 1954 aufgelöst und existiert nicht mehr; in ihm befanden sich besonders disharmonische Seelen, die zum Schutze der übrigen Seelen bis zu ihrer nächsten Verkörperung abgesondert wurden. Compound = (wörtlich) Quarantäne.]

Im Augenblick, da die Flamme im Herzen eines Menschen sich rührt und ein stilles „Gott hilf uns" aus dem Bewußtsein emporsteigt, werden wir durch die Schweigenden Wächterinnen darauf aufmerksam gemacht. Im selben Moment wird entsprechend der Anforderung ein Mitglied oder werden mehrere Mitglieder unserer Legionen ausgesandt, um den hilfesuchenden Lebensströmen Gnade und Beistand zu bringen.

Die Engel des barmherzigen Dienens sind die Sendboten des Allerhöchsten. Sie sind jene, die die mystische Eigenschaft der „Gnade" verkörpern. Die Zwillingsflamme (Archai) meines Lebensstromes ist auf den Inneren Ebenen als „Donna Grace" bekannt. Sie ist „Die Dame voller Gnaden" für das Engelreich, so wie die geliebte Maria zur gegenwärtigen Zeit die Repräsentantin der Gnade für die Menschheit ist.

Die Hilfe, welche die Engelscharen den Erdenmenschen erweisen, wird nur sehr wenig verstanden. Das Kosmische

Gesetz ist unerbittlich und unabänderlich, es verlangt, daß *die Anrufung von derjenigen Oktave kommen muß, in der Hilfe benötigt wird.* Wenn dies nicht eine offenkundige Tatsache wäre, hätten diejenigen von uns, welche in Liebe und Barmherzigkeit leben, schon längst die Menschheit und alle Schattengebilde ins Licht erhoben, aber der Lebensstrom und das ihm innewohnende Bewußtsein müssen von sich aus um Beistand ansuchen! Dann kann auf dem zurückkehrenden Strahl derselben Energie die Ausstrahlung, die Gegenwart und die Kraft der Kosmischen Wesen, der Aufgestiegenen Meister, der Engelscharen und der mächtigen Devas entsprechend den gegebenen augenblicklichen Erfordernissen zurückfließen.

Die mächtigen Wesen über euren großen Städten, ähnlich jener in welcher ihr gegenwärtig lebt, halten ständig Ausschau nach jenem Flackern des Lichtes, nach jenen Strahlen, welche aus den Seelen kommen und ein „SOS" an die Himmlischen Heerscharen bedeuten! Nachdem diese Wesen das Bedürfnis abgeschätzt haben, wenden sie sich an ein leitendes Mitglied des Engelreiches in unserer Sphäre. Dieser Direktor oder Leiter betraut seinerseits einen Engel, der diese bestimmte benötigte Strahlungseigenschaft genügend entwickelt hat, um sie in seiner Gefühlswelt zu halten, mit der Mission, dieses Gebet zu beantworten. Jene Eigenschaft der Strahlung stimuliert die Flamme im Herzen und in der Seele des Hilfesuchenden, und während die beiden sich treffen, wird der Hilfesuchende selbst befähigt, die Antwort zu magnetisieren. Die Antwort fällt entsprechend seiner Annahmefähigkeit aus.

Die geliebten Engelscharen, welche mit uns arbeiten, eilen mit den kleinen, winzigen Cherubim und Engeln zur Erde, um die benötigten Strahlungen und Eigenschaften zu bringen. Diese kleinen Engelwesen verkörpern die Eigenschaften des Vertrauens, des Glücklichseins, der Hoffnung und alle anderen Eigenschaften, und sind imstande, diese – manchmal nicht länger als eine Stunde – aufrechtzuerhalten. Natürlich sind ihre ersten Bemühungen, dem Planeten Erde Hilfe zu leisten, nur kurz. Sie eilen zurück in die Sicherheit ihres Direktors, von dessen Armen und aus dessen Aura sie ausgesandt wurden, um ihr kleines Gefäß, gefüllt mit Glauben oder Vertrauen, in die Silberschnur eines mutlosen und verzweifelten Lebensstromes zu gießen.

Indem das kleine Wesen den Erfolg einer solchen Mission erfährt, gewinnt es an Vertrauen und wird immer eifriger im Erlernen und im Aufrechterhalten der Selbstkontrolle, welche erforderlich ist, um bei seiner nächsten Mission *ein größeres Quantum* einer Tugend oder Eigenschaft aufrechtzuerhalten.

Auf diese Weise, durch direkte Erfahrung, vergrößert und entwickelt sich die Engelschar und erlernt so auch die Freude, die mit diesem Dienst einhergeht.

IHR SEID IN AUSBILDUNG, UM MEISTER ZU WERDEN. Freiheit stellt sich ein, wenn ihr *bewußt* Meister der Umstände seid und alle Lebensumstände durch die Flamme in eurem Herzen regulieren könnt! Es gibt keine andere dauerhafte Freiheit! Denkt hierüber nach! Seid nicht entmutigt. Im Schulzimmer des Lebens wäre es viel einfacher, eine Person zur Verfügung zu haben, welches denselben Lehrgang schon erfolgreich absolviert hat und eure Probleme für euch aufarbeiten würde. Viele, viele Männer und Frauen lassen *andere* ihre Probleme lösen, aber der weise Mensch erlernt SELBST DAS PRINZIP zur Lösung von Problemen, damit, wenn seine große Gelegenheit kommt, nicht der Fall eintritt, daß der Mensch, auf welchen er sich in der Lösung seiner Probleme verläßt, nicht verfügbar sein sollte!

Wir wollen sehen, was ihr mit eurer Aura in den nächsten Tagen vollbringen werdet. Schafft etwas, das wir verwenden können, und ERINNERT EUCH, ERINNERT EUCH, ERINNERT EUCH, Uriel ist nur einen Ruf von euch entfernt! Bereits der stille Gedanke an Gott wird mich auf der Stelle herbeiholen! Ich bin euer Freund! Ich bin euer Diener! Ich bin euer Begleiter im Licht! Uriel – der Sendbote des Allerhöchsten!

Musikalisches Zwischenspiel

Während die Aufmerksamkeit auf dem geliebten Erzengel Uriel und seiner Tätigkeit ruht, spielt „Lullaby" von Brahms, welches die Erkennungsmelodie von Uriel enthält.

DER ELOHIM DES FRIEDENS

Der Elohim des Friedens, der geliebte Tranquilitas, half, zusammen mit seiner Göttlichen Ergänzung Pazifika, den Planeten Erde zu erschaffen. Sie dienen auf dem Sechsten Strahl und haben Äonen lang geholfen, die Qualität des Friedens zu entwickeln und aufrechtzuerhalten. Ihr Wunsch ist es, jeder Person und dem Planeten selbst zu Frieden zu verhelfen.

Diese großartigen Wesen werden jedem Ruf antworten und jeden in die eigentliche Substanz ihres Wesens, in ihre Strahlung und die Energie ihres gottgegebenen Friedens einhüllen, um die Familie, den Ort, die Nationen und die Welt zu beschützen. FRIEDE IST EINE NOTWENDIGE QUALITÄT, DIE JEDER EINZELNE IN SEINE EIGENE WELT EINBRINGEN UND ERHALTEN MUSS, SO DASS NICHTS INNERHALB ODER AUSSERHALB DIESER WELT IHN JE STÖREN KÖNNTE. DAS IST MEISTERSCHAFT!

DIE EVOLUTION EINES ELOHIM
Vom Elohim des Friedens – Tranquilitas

Die geistige Entwicklung eines Elohim erfolgt durch das Königreich der Elementarwesen (el-e-mental bedeutet „Bewußtsein Gottes"). Ein jeder von uns begann als ein kleines Elementarwesen, welches zu verschiedenen Zeiten verschiedenen Systemen und Galaxien angehörte. Ich war einer dieser Elementarwesen, die dem genauen Plan der Schöpfung folgten. Ihr habt gesehen, wie das universale elementare Licht die Atmosphäre erfüllt – diese winzigen Elektronen scheinen nicht irgendwohin zu gehen, sie flattern herum im Sonnenschein. Wenn einer eben erst von Gott erschaffen wurde, herrscht komplette Freiheit, sich am eigenen Selbst zu erfreuen, und hier kommen einige Leute auf die Idee vom Himmel, als einem Ort unendlichen Vergnügens, der Rast und einer allgemeinen „tu-was-du-willst" Einstellung. Sie erinnern sich RÜCKWÄRTS, sie schauen nicht VORWÄRTS, und ich warne euch gleich vorweg – die ZUKUNFT wird nicht so aussehen! Das waren eure „Vor-Eden-Tage"!

Vor langer, langer Zeit war ich eine dieser winzigen Elementarwesen und flatterte in meinem Universum herum. Wann immer ich mich danach fühlte, heftete ich mich an einen Lichtstrahl, der von irgendeinem Wesen projiziert wurde, dessen ich kaum bemerkt wurde. Manchmal ritt ich auf einem großen Lichtstrahl das dazu bestimmt war, Teil eines Sternes oder einer anderen lieblichen Schöpfung Gottes zu werden. Ich hatte keine Verantwortung und keinerlei Verpflichtungen.

Dieselbe Freiheit wird allen göttlichen Kreationen gewährt. Als eure I AM Gegenwart erschaffen wurde, war es ihr erlaubt, sich durch jede der sieben aktiven Sphären rund um die Gottheit zu bewegen, die Sphäre zu finden, in der es am interessantesten war, sich in jedem Tempel so lange aufzuhalten wie man wollte, zu Füßen jedes Meisters, solange, wie man mochte. Die Engel besitzen die gleiche Freiheit. Wenn sie gerade erschaffen wurden, tummeln sie sich in der Herrlichkeit und dem Licht des Wesens Gottes und werden möglicherweise Teil der Tugenden von Glauben, Hoffnung, Barmherzigkeit oder einer anderen Tugend, die ihnen gefällt. Diese Engel leben in den Tempeln ihrer Wahl. Sie erfahren und sind sich selbst überlassen.

Dann, eines Tages, kam plötzlich ein Gefühl über mich – ich wollte ein BEWUSSTER Teil der Schöpfung sein. Wenn das mit einem passiert, heißt das, daß die Aktion des Ersten Strahles geboren wird, der WILLEN, etwas ZU TUN; und so war es bei mir auch.

Dann hielt ich Ausschau nach jemandem, von dem ich wußte, daß er mir sagen könnte, was zu tun ist, und als ich so jemanden gefunden hatte, wurde mir gesagt, daß ich, wenn ich mich bemühte, und in einen bestimmten Naturtempel eintreten würde, dort lernen könnte, wie man Formen erschafft, zum Beispiel eine Blume. Zusammen mit anderen, die dieselbe Absicht hatten, würde ich lernen, wie man das Gedankenmuster aufrechterhält, das uns am Altar von der jeweils zuständigen Deva, unserem Lehrer gezeigt wird.

Nachdem ich also als Student in diesen Naturtempel eingetreten war, bestand meine erste Aufgabe darin, eine fünfblättrige gelbe Blume zu erschaffen – UND ICH WERDE ES NIE VERGESSEN! Oh, es müssen einige Hundert von uns in dieser Klasse gewesen sein, alle etwa gleich leichtsinnig wie ich selbst. Wir konnten außerhalb des Tempels wundervolle Musik hören, die Luft war lieblich und frisch. Schöne Lichtwesen zogen vor dem Fenster in der Atmosphäre vorbei – und das Aufrechterhalten des Musters dieser Blume wurde so langweilig, das kann ich euch sagen. Die Deva stand nur da, auf dem Altar und projizierte das Muster dieser Blume hinaus, welche zu erschaffen wir erlernen sollten. Er versuchte, unsere Gedanken einzufangen und sie auf diese Blume zu fokussieren; ich fand jedoch bald heraus, daß der bloße WILLE, ES ZU TUN nicht genügte. Um den Vorgang zu vervollkommnen, mußten die anderen sechs Stufen der Erschaffung darauf folgen!

Dann, plötzlich, kam mir das WAHRNEHMUNGSVERMÖGEN in den Sinn und ich dachte „Ja, DAS ist ein Teil der Schöpfung," und ich BEMERKTE endlich, wozu mich die Deva bringen wollte. Vorher erfreute ich mich bloß des Duftes, der Farbe und der Symmetrie der Form dieser Blume. Ich wollte einfach nicht mehr als das tun!

Als jedoch nun dieses Gefühl der WAHRNEHMUNG Besitz von mir ergriff, versuchte ich es etwas Neues. Oh, aber diese erste Form, die ich mich zu erschaffen bemühte, war eine ziemlich entstellte Form – es war eine Art Viereck. Es hatte nicht genug Blütenblätter und auch der Duft war nicht der richtige. Außerdem verschwand meine Erschaffung, sobald ich meine Aufmerksamkeit von ihr ablenkte. Andere in meiner Klasse waren immer noch nicht sehr aufmerksam und streiften immer noch umher. Doch jene von uns, die sich wirklich bemühten, durften schließlich näher an die Vorderseite des Raumes rücken, das bedeutete näher zum Altar.

Wir fuhren fort, unsere Instruktionen aufzunehmen und versuchten es wieder und wieder und endlich, eines Tages erschien eine kleine gelbe Blume in meiner Hand und ich war glücklich! Diesmal hatte ich die richtige Anzahl von Blütenblättern, die richtige Farbe und den richtigen Duft für meine Blume, aber, oh du meine Güte, gerade als ich sie meinem Deva zeigen wollte, kam einer der Erzengel vor dem Fenster vorbei und meine Aufmerksamkeit wurde von diesem prächtigen Licht angezogen und verließ die Blume für einen Augenblick. Als ich zurück in meine Hand blickte, war die Blume weg – ein Mangel an KONZENTRATION, wie du siehst!

Diese Devas sprechen kein Wort. Sie strahlen ihre gesamten Instruktionen aus, und unser Deva-Lehrer schlug vor, daß wir, wenn wir diese Blumen bewußt erschafften, Schönheit und Vollkommenheit in einen Frühling auf einem lieblichen Planeten bringen könnten, denn die Zuständigkeit des jeweiligen Elohim für jenen Planeten beinhaltet die Verschönerung und den Segen für die Entwicklung aller lebendigen Seelen. Als ich darüber nachdachte, wurde in mir die LIEBE zu meinem Unterfangen geboren. Ich fühlte, daß ich diese kleine Blume perfekt genug, schön genug und lang genug haltend machen wollte, so daß sie imstande war, wirklich einen Teil des Leben zu beglücken. Dies war der dritte Aspekt der Göttlichkeit – LIEBE! Dann vergaß ich mich selbst und alle Ablenkungen von draußen, und blieb dabei, meine Blume zu erschaffen, denn das war, was ich wirklich wollte!

Was geschah dann? Ich erhielt eine Aufgabe! Die Devas übertragen nicht einmal den Auftrag an jemanden, zu einer Apfelblüte zu werden, solange sie nicht sehen, daß derjenige in der Lage ist, lange genug bei einer Aufgabe zu bleiben, um sie fertigzustellen. Meine neue Aufgabe bestand darin, zusammen mit ungefähr siebenhundert anderen, einen großen Baum zu schmücken. Übrigens, weder die kleine gelbe Blume, die ich erschuf, noch solch ein Baum wachsen auf eurer Erde. Vielleicht werden sie doch eines Tages dort vorkommen!

Jetzt ging es an eine neue Lektion, welche ich aber nicht auf einmal erlernen konnte. Unser Lehrer mahnte, daß, wenn wir zusammen mit einer der sehr entwickelten Deva einen Baum erschaffen würden, wir alle möglichen Arten von anderen Bäumen sehen würden. Er warnte uns, die eigene individuelle Blume nicht genauso zu machen, wie irgendeinen Baum oder ein Gebüsch, das wir dort sehen würden. Ich vergaß diese Warnung und mir passierte genau das! Ich sah rosarote, blaue und weiße Blumen und als ich sie alle betrachtete, hatte ich nichts Bestimmtes in meinem eigenen Kopf – und deswegen auch keine Manifestation!

Dann lernte ich die vierte Lektion – die REINHEIT des göttlichen Musters aufrechtzuerhalten, welches mir zu Anfang gegeben wurde. Als wir schließlich zurückkamen zu unserem „Klassenzimmer", dem Naturtempel, war keiner von uns „Versagern" stolz auf seine Errungenschaften. Die dafür Zuständigen bereiten immer mehr Elementarwesen für eine bestimmte Schöpfung aus, als gebraucht werden, deshalb konnte sie von jenen fertiggestellt werden, die diese Arbeit machen konnten. Für das nächste Experiment hatte ich mich nicht sofort freiwillig gemeldet, auf das könnt ihr sicher sein! Jedenfalls beschloß ich, das Muster dieser gelben Blume so lange aufrechtzuerhalten, bis ich sie in einem vollkommenen Zustand hervorbringen würde.

Am Ende mußte ich mich gar nicht mehr freiwillig melden. Mein Deva-Lehrer sagte eines Tages gnädig zu mir „In Ordnung, du kannst gehen und es noch einmal versuchen." Diesmal schloß ich meine Augen, meinen Verstand und meine Aufmerksamkeit gegen alles andere ab und konzentrierte mich nur mehr darauf, zu dieser gelben Blume zu werden.

Jetzt mußte ich aber noch mehr lernen. Nachdem ich die gelbe Blume geschaffen hatte, fielen ihre Blüten ehe der Frühling zu Ende war. So mußte ich die fünfte Stufe der Präzipitation, die KONZENTRATION UND BESTÄNDIGKEIT aufrechterhalten. Ich konnte meinen Blütenblättern nicht erlauben, zu fallen, bevor der Frühling vorbei war.

Wegen meines Mangels an BESTÄNDIGKEIT, nach dem verfrühten Fallen meiner Blütenblätter war ich einen ganzen Monat früher zurück als die anderen. Ich muß euch gestehen, daß ich für eine ganze Weile nicht in den Tempel ging. Ich ging draußen auf und ab, aber ich ging nicht hinein! Aber am Ende MUSSTE ICH HINEINGEHEN – wie ihr wißt! Wo immer du bist, und was immer du freiwillig tust, DAS MUSST DU EINES TAGES ZU ENDE BRINGEN! Mit der Menschheit ist es genau dasselbe. Die Menschen können

„herumspielen", so lange sie wünschen und ihre Zeit und Energie verschwenden, aber eines Tages müssen sie ihre Ausbildung abschließen (den göttlichen Plan erfüllen und den Aufstieg erreichen). FRÜHER ODER SPÄTER WIRST AUCH DU, MÖGLICHERWEISE IM SCHLEPPTAU DEINER LEHRER, DICH ZURÜCK AUF DEINEN WEG FINDEN, DER ERFÜLLUNG DEINES URSPRÜNGLICHEN GÖTTLICHEN PLANES.

Als wir uns, wieder zurück im Naturtempel vor dem Deva versammelten, wurde ich zurück in die letzte Reihe gesetzt. Ich war klein von Statur und ich dachte, ich würde dort nicht so gut gesehen werden. Als ich so über mich selbst nachdachte, sagte ich mir: „Ich werde nie wieder hinausgehen. Ich bleibe genau hier!" Jedoch unsere nächste Aufgabe bestand darin, die Lektion des RHYTHMUS zu lernen.

Hier lernte ich, daß ich die REINHEIT der Form aufrechterhalten mußte und daß ich auf meinem Platz zu bleiben hatte, bis ich von jenem Wesen entlassen wurde, das mich ausgesandt hatte – das war die BESTÄNDIGKEIT. Dann erfuhr ich, hoch erfreut, daß ich nun jeden Frühling hinauszugehen hatte! Mein Gott! Ich hatte gedacht, EINMAL gehen zu dürfen, wäre eine großartige Leistung, aber jetzt lernte ich die Lektion des RHYTHMUS: Gelbe Blume – gelbe Blume – gelbe Blume – immer und immer wieder, jeden Frühling. Ich werde nicht versuchen, euch zu erklären, wie viele Frühlinge ich zu einer gelben Blume wurde. Es EINMAL zu tun, war etwas ungewöhnlich Neues, auch ein dutzend Mal machte es Spaß, aber JEDEN Frühling, das erschien mir wie eine lange, fortwährende unbarmherzige „Schinderei." GEHORSAM! GEHORSAM! GEHORSAM bis zum Ende.

Die letzte Stufe, die ich in diesem Schöpfungsprozeß zu lernen hatte, war, den FRIEDEN AUFRECHTZUERHALTEN. Als mir die Deva das letzte Mal mitteilte, daß ich wieder zu einer gelben Blume werden sollte, FIEL ICH BEINAHE DURCH DEN GESAMTEN KURS! Seht ihr, in der Zwischenzeit wurden andere meiner Freunde zu schönen Bäumen, Büschen und anderen lieblichen Kreationen, aber ICH WAR IMMER NOCH EINE KLEINE GELBE BLUME! Wie ihr seht, hatte ich zu lernen, den FRIEDEN – FRIEDEN aufrechtzuerhalten, zum Frieden zu werden, inmitten eines zukünftigen Planes, der noch weit entfernt war. Wenn ihr also eine jener „kleinen gelben Blumen" seid, lernt, den FRIEDEN AUFRECHTZUERHALTEN! Vielleicht werdet ihr eines Tages zur Sonne eines Systems. Wer weiß, was ihr mit der Gabe des freien Willen erzielen könnt?

Schließlich, am Ende dieser Reise, LASST EINFACH LOS! Ich habe dies wirklich getan! Ich dachte, „wenn dies Gottes Wille ist, so soll ich in Ewigkeit diese gelbe Blüte sein!" Dies war meine letzte Reise. Diese absolute Hingabe brachte mir die Erlösung, und als ich diesmal zu meiner Deva im Naturtempel zurückkehrte, krönte er meinen jahrelangen Dienst – jahrzehntelang – JAHRHUNDERTELANG – sage ich euch, siegreich. Dann wurde ich in das devische Königreich aufgenommen.

Für lange, lange Zeit diente und arbeitete ich mit zunehmender Wirksamkeit, bis ich am Ende die Einweihung als Elohim erzielte. Später, als ich durch den Ruf der geliebten Helios und Vesta die Gelegenheit bekam, zusammen mit anderen Freiwilligen für sie diesen geschätzten Planeten zu erbauen, schloß ich mich freiwillig den anderen sechs Elohim an, um mit ihnen zusammen diesen Dienst zu vollbringen. Wir schlossen uns zusammen und dienten gemeinsam, um der Kameradschaft willen und aus Freude an der Erschaffung.

Das Vorgehen nach diesen „sieben Stufen" der Erschaffung ist die Art und Weise, mit der die Elohim ihr Bewußtsein von einem Elementarwesen zu einem großen Erbauer von Formen erweitern. Es ist die Art und Weise, wie der winzige Cherubim zu einem großen Deva des Lichtes wird, und, indem sie ebenfalls diese „Stufen" durchläuft, wird eine geistig nicht erwachte Seele erwachen und zu einem großen Aufgestiegenen Wesen der Liebe, des Lichtes und der Vollkommenheit werden. Es gibt keinen Ausweg, diese „sieben Stufen" irgendwie nicht zu befolgen. Einige Naturen sind so beschaffen, daß sie diese Stufen schnell akzeptieren und rasch befolgen, andere benötigen noch eine längere Zeit für die Ausführung. Glaubt mir – ICH WEISS ES! Ich glaube, ich war der langsamste Schüler aller Gruppen von Elementarwesen, mit denen ich angefangen hatte, aber eine Sache habe ich doch gelernt: MEINEN FRIEDEN ZU ERHALTEN und DER WEISHEIT DES GESETZES TREU ZU BLEIBEN!

Für eure Freundlichkeit und die Höflichkeit eurer Aufmerksamkeit und Liebe danke ich euch! Bitte denkt immer daran, FRIEDE IST EINE POSITIVE KRAFT! Ich, der den Weg der geistigen Entwicklung vor euch beschritten hat, bin immer bereit euren Anruf zu beantworten! Mein Segen sei mit euch. Mögen alle eure Präzipitationen perfekt, eure „Blumen" schön und alle eure göttlichen Bemühungen in Seinem Namen erfolgreich sein!

DIE SIEBEN STUFEN DER PRÄZIPITATION
Von Elohim Tranquilitas

Stufe 1 – Nichts in dieser Welt wird ohne den WILLEN in dir erschaffen oder vollbracht werden. Dies ist die Aktivität des geliebten Herkules und des Ersten Strahles. Wenn du die Straße entlang gehen WILLST, wenn du einen Kurs besuchen WILLST, wenn du jemandem behilflich sein WILLST, wenn du einen kleinen Ring oder ein großes Gebäude präzipitieren WILLST, mußt du zuerst in Dir selbst den WILLEN verspüren, die vitalen Energien deines Lebens zusammenzunehmen, um mit ihnen etwas Konstruktives zu vollbringen.

Stufe 2 – Diese entsteht unter der Strahlung der geliebten Cassiopea. Nachdem du beschlossen hast, eine definitive Form zu erschaffen, solltest du um die GÖTTLICHE WAHRNEHMUNG (ERLEUCHTUNG) bitten, denn dies ist die beste Art, diese Form hervorzubringen. Die WAHRNEHMUNGSFÄHIGKEIT des Gold-Gelben Strahles ist notwendig, um dir zu ermöglichen, zu wissen, welche entwickelte Gott-Qualitäten du anzubieten hast die dir am besten erlauben, der Menschheit zu dienen und deinen göttlichen Plan zu erfüllen.

Stufe 3 – Nun folgt jene Stufe, die es erfordert, daß die GÖTTLICHE LIEBE aus deinem Herzen freigesetzt wird. Diese Stufe steht unter der Führung des geliebten Orion. Das, was ihr im Dienste der Meister oder beim Gebrauch der Kraft der Präzipitation tut, erfordert die liebende Zusammenarbeit aller eurer Körper, einschließlich der physischen Form. Ihr müßt lernen, euer Bemühen so lange fortzusetzen, bis es vollbracht ist, und ihr in Dankbarkeit, Harmonie und Hingabe lebt, ohne einen Gedanken an Belohnung oder persönliche Anerkennung irgendwelcher Art – einfach zu dienen aus Freude. Dies ist die Aktion des Dritten Strahles und dies ist eine der wichtigsten der sieben Stufen.

Stufe 4 – Die Aktivität der geliebten Claire (Elohim der Reinheit) nimmt die vierte Stelle der Präzipitation ein. Das bedeutet, sie arbeitet mit der REINHEIT in ihrer ursprünglichen Form, welche durch euer eigenes Christus-Selbst in eure Herzen gegeben wurde. Die REINHEIT eurer Form aufrechtzuerhalten bedeutet, daß ihr willens seid, das perfekte Muster und die perfekte Form in euch, welche eine größere Intelligenz, als ihr es seid, erschaffen hat, aufrechtzuerhalten, so daß die gesamte Menschheit davon profitieren kann.

Stufe 5 – Die nächste Aktivität ist jene der KONZENTRATION und HINGABE der geliebten Vista. Es ist die Qualität und Fähigkeit, bei einem Vorhaben zu bleiben, bis es beendet ist. Hier kommen wir wieder einmal zu einer großen Prüfung für den Lebensstrom. Die vitalen Feuer von Begeisterung und Idealismus, die in jedem aufrichtigen Schüler entbrennen, wenn er zum ersten Mal die Wahrheit seines Lichtes berührt, werden gewöhnlich innerhalb von sechs Monaten zu Asche. Wie auch immer, KONZENTRATION auf den gleichen Plan, dasselbe Muster oder dieselbe Form, bis sie physisch manifest wird, ist absolut notwendig für SOFORTIGE PRÄZIPITATION.

Wenn ihr ein Auto, ein Heim, ein Kleidungsstück oder irgendetwas anderes präzipitieren wollt, BLEIBT BEI EINEM PLAN, bis ihr alle sieben Stufen der Präzipitation durchlaufen habt, welche absolut wissenschaftlich nötig sind, um das was ihr wünscht zu manifestieren und sichtbar und greifbar für euren Gebrauch zu machen. Es ist nicht so wichtig, WAS ihr zu präzipitieren wünscht, aber es ist wichtig, daß ihr diese Stufen genau versteht. Wenn ihr das tut, und ihr in der Lage seid, diese Wissenschaft bewußt und willentlich anzuwenden, werden euch die Dinge dieser Welt als nicht mehr so bedeutend erscheinen. Wir möchten, daß ihr die Freude fühlen könnt, die entsteht wenn eine Manifestation gemacht werden kann und wenn ihr sie einmal beherrscht, bleibt euch der Gebrauch dieser Kraft ewig erhalten.

Stufe 6 – In der Wissenschaft der bewußten Präzipitation geht der „Siebente Strahl des RHYTHMUS" der Versiegelung eurer Manifestation in der Substanz und Strahlung von GOTTES FRIEDEN voraus. Nachdem ihr den Fünften Strahl der KONZENTRATION abgeschlossen habt und lange genug bei einem Muster geblieben seid, kommt ihr in die Aktivität von Arkturus – RHYTHMUS DER INVOKATION. Wenn ihr einem Meister dient, hat es wenig Wirkung wenn ihr in einem Ausbruch von Energie einen Tag lang ihm dient und dann einen Monat lang nichts mehr von euch hören läßt. Alle Aktionen der Natur werden in vollkommenen Rhythmus durchgeführt. Schaut euch die Jahreszeiten an, die Sonnen Auf- und -Untergänge, Ebbe und Flut, sowie den regelmäßigen Schlag eures eigenen Herzens. So könnt ihr die Notwendigkeit für den RHYTHMUS erkennen. Ganz egal, was ihr erschafft, es ist für den Erfolg eures Bemühens absolut notwendig, DIESES MUSTER REGELMÄSSIG mit eurem Leben, mit euren Gedanken, Gefühlen und gesprochenen Anrufungen zu NÄHREN; und zwar ZUR SELBEN ZEIT JEDEN

TAG – morgens, mittags und abends oder zu welcher Zeit ihr euch dafür entscheidet.

Wenn ihr in das Muster eurer Präzipitation keinen Rhythmus bringt, werdet ihr eine Form ohne Symmetrie hervorbringen, wenn ihr überhaupt irgendetwas zustande bringt. Einige eurer physischen Probleme sind durch unangenehme Wirkungen von gebrochenem Rhythmus entstanden. Bewußte Schüler scheuen zurück vor gebrochenem Rhythmus in der Musik, und doch bemerkt man, daß in ihrem Leben der gebrochene RHYTHMUS der Gedanken, Gefühle, des gesprochenen Wortes und der Taten, so oft sich in Krankheit, finanziellem Mangel, Unfrieden und vielen anderen Begrenzungen auswirkt. Ihr könnt nicht länger wütend oder aufgebracht sein, sobald ihr imstande seid, den RHYTHMUS DES LEBENS, der durch eure Körper strömt, zu beherrschen.

Je kleiner die Sache ist, die ihr durch eure erste Präzipitation hervorbringen wollt, desto weniger vitale Energie wird benötigt. Beginnt nicht mit einem großen Projekt, wie zum Beispiel einem Gebäude.

Stufe 7 – Dann, oh ihr Geliebten, mein Herz bebt mit euch, wenn wir diese letzte Stufe betrachten, vielleicht weil dies meine eigene Aktivität darstellt. Nachdem ihr eure prächtige Präzipitation hervorgebracht habt, SIEGELT SIE EIN IN MEINE FLAMME DES FRIEDENS! Erlaubt keiner unharmonischen Energie von eurer oder fremder Seite, sie zu zerstören. So, als ob du eine Klarsichtfolie über etwas Wertvolles geben würdest, um es zu beschützen, siegle die Form, die du erschaffen möchtest in die Goldene Flamme der Elohim des Friedens, um sie gegen die zersetzenden Kräfte menschlichen Denkens und Fühlens unberührbar zu machen. Die stärksten zersetzenden Kräfte solch menschlichen Denkens sind wahrscheinlich die Eifersucht und Zweifel anderer Menschen.

ES IST ÄUSSERST WICHTIG, DASS IHR EUCH ABSOLUT STILLSCHWEIGEND MIT DEM BEFASST, WAS IHR TUN WOLLT! VERSIEGELT EURE LIPPEN UND SPRECHT NICHT EURE PLÄNE denn ihr habt keine Ahnung, mit welcher Gewalt euch die Gefühle derer entgegenschlagen, die der großartigen Entwicklung eures Lichtes entgegenstehen.

Als die ursprüngliche Schöpfung dieses Planeten schließlich manifest wurde und die Handlungen von Arkturus' RHYTHMUS die Energien zu seiner Fertigstellung durch eine letzte Invokation herbeigerufen hatten, als die siebenfältige Flamme der Elohim ihre perfekte Arbeit getan hatte, als der Planet Erde begann, sich um seine Achse zu drehen und seine melodiöse Erkennungsmelodie erklang, war es ein wunderschönes Bild! Zu dieser Zeit kam der FRIEDE, der das menschliche Verständnis übersteigt, in die Atmosphäre der Erde. Erst als die „Nachzügler" von anderen Systemen kamen und Unvollkommenheit durch Gefühle von Rebellion, Stolz, Haß und Angst – wie ein Trojanisches Pferd – von Innen nach Außen brachten, begann die großartige Vollkommenheit dieses Friedens zu entschwinden.

GRUPPENANRUFUNG (Die Gruppe steht)

Geliebte mächtige siegreiche I AM Gegenwart, geliebter Erzengel Michael, geliebte Göttin der Reinheit Astrea und geliebter Aufgestiegener Meister El Morya:

Schneidet uns frei, schneidet uns frei, schneidet uns frei von aller bösartig bewerteten Energie die jetzt gegen mich und andere Schüler der AMTF gerichtet ist.

Erfaßt und macht diese Energie unwirksam. Leitet, leitet, leitet diese Energie zurück zum Urheber. Erleuchtet den Urheber und seht zu, daß diese Energie nie wieder gegen Menschen gerichtet werden kann.

Geliebte mächtige, siegreiche I AM Gegenwart, geliebter Erzengel Uriel, geliebter Elohim des Friedens, geliebter Jesus, laß mich eine tröstende Gegenwart sein und die Qualitäten des Friedens und des Dienens allem Leben bringen, das ich berühre!

VISUALISATION

a) Während leise die passende Musik gespielt wird, laßt eure Aufmerksamkeit auf Erzengel Uriel, Elohim Tranquilitas, der Aufgestiegenen Meisterin Nada und dem geliebten Jesus ruhen sowie auf den Zeremonienengeln, den Schutzengeln und den Engels des barmherzigen Dienens, die uns bei diesem Dienst unterstützt haben.

b) Bringt ihnen Liebe und Dankbarkeit für den erwiesenen Dienst dar.

c) Fühlt euch von einer Säule des Rubinfarbenen Lichtes des Friedens umgeben.

d) Dehnt die Flamme aus, so daß sie eure Stadt, das Land, die Nation, Europa und schließlich den gesamten Globus umhüllt.

SEGENSSPRUCH

Gruppenleiter: Eingehüllt in einer mächtigen Säule der Rubinfarbenen Flamme des Friedens, aus den Herzen der geliebten Erzengel Uriel, Elohim Tranquilitas und der Aufgestiegenen Meisterin Nada danken wir den Aufgestiegenen Heerscharen des Lichtes für die fortwährende Ausströmung von Liebe, Weisheit und Kraft.

Wir danken den geliebten Erzengeln Michael und Uriel und den Engeln des Schutzes, des barmherzigen Dienens und der Zeremonien, die uns bei diesem Dienst unterstützt haben. Nehmt unsere Energie auf und vervielfacht sie mit eurer mächtigen Liebe. Leitet sie nach Norden, Süden, Osten und Westen und umhüllt die Erde mit der Ausstrahlung der Rubinfarbenen Flamme des Friedens.

(Kurze Pause)

Möge der Segen und die Liebe des Allmächtigen Gottes und der Friede, der höher ist als alle Vernunft, mit jedem Einzelnen von euch sein. Möge das Licht der Gnade und Barmherzigkeit Gottes euch beschützen und auf eurem geistigen Pfade führen, hin zur Erleuchtung und zu ewiger Freiheit.

(Kurze Pause. Der Gruppenleiter sendet gedanklich die gesammelte Energie zum Kraftfeld über dem Ort des Treffens. Dann löscht er die Kerzen, beginnend mit der rosa Kerze, anschließend die gelbe und blaue.)

Spielt passende Musik um die Schwingung aufrecht zu erhalten.

Lektion 14

DER SIEBTE STRAHL

FEIERLICHES ENTZÜNDEN DER KERZEN (Altardienst)

Nach Begrüßung der Teilnehmer durch den Gruppenleiter und begleitet von passender Musik, wie z. B. „Bells of the Meadows", spricht der Akoluth (Altardiener) oder Gruppenleiter die folgende Invokation:

SEI GEGRÜSST, Du All-erfüllendes, All-durchdringendes Licht des Universums, Du Urquell des Lebens, „I AM." Indem wir jetzt diese drei Flammen entzünden als Symbol für die dreifältige Aktivität des Lebens, verneigen wir uns vor dem Licht des Lebens:

Den Vater (die blaue Kerze entzünden),
Den Sohn (die goldene / gelbe Kerze entzünden),
Und den Heiligen Geist (die rosa Kerze entzünden).

Geliebte I AM Gegenwart, komme nun und übernimm Deine rechtmäßige Autorität über die vier niederen Körper aller Deiner Kinder und zeige uns, wie wir in Demut und Ehrfurcht die vollkommen harmonische Aktivität von Liebe, Weisheit und Macht, die du bist, in unserem Leben verwirklichen können.

Hilf uns, vollkommene Harmonie, Gesundheit und Wohlstand zu erreichen und aufrecht zu erhalten. Laßt den göttlichen Plan durch jedes Lebewesen, das diesem Planeten angehört, verwirklicht werden.

Oh Erhabenes Höchstes Licht, wir erkennen Dich an in allem Leben und unser innigster Dank gilt Dir, den glorreichen Kosmischen und Aufgestiegenen Wesen, sowie den herrlichen Engelscharen. Während wir unsere Anrufungen vorbringen, bitten wir Euch, die Energien zu verstärken,

welche wir in dieser Zusammenkunft freisetzen, und mögen dieses Licht und die Lehren der Großen Weißen Bruderschaft sich immer weiter ausbreiten, beständig die Grenzen Deines Königreiches ausdehnend, in Erfüllung Deines Willens, „I AM"!

(kleine Pause)

INVOKATION (die Gruppe steht)

Gruppenleiter: Geliebte mächtige siegreiche Gott-Gegenwart, Du Urquell, der Du in jedem unserer Herzen verankert bist, wir lieben und verehren Dich. Wir erkennen Dich an als den Ursprung und Geber allen Lebens – unserem Leben, unserer Intelligenz und unserer körperlichen Substanz!

Wir rufen Euch an, geliebter Erzengel Michael, Erzengel Uriel und alle Aufgestiegenen Wesen des Siebten Strahls, insbesondere den geliebten Erzengel Zadkiel, Elohim Arkturus und den Aufgestiegenen Meister Saint Germain.

Während unsere tiefste Liebe und Dankbarkeit zu der Schar der Aufgestiegenen Lichtwesen strömt, die uns dieses Wissen gaben, laßt die Umwandelnde Violette Flamme der Freiheitsliebe durch und um uns lodern und für immer aufrechterhalten bleiben.

Hüllt uns ein in das Licht, die Liebe und die Kraft des siegreichen Vollbringens. Schützt und behütet uns, führt und leitet uns und helft uns, die Erleuchtung durch Wahrheit zu finden, die uns frei macht!

ÜBERBLICK ÜBER DIE LEKTION

Diese Lektion behandelt die göttlichen Tugenden des Siebten Strahls. Dieser Strahl umfaßt die Eigenschaften der Umwandelnden Violetten Flamme, die für unseren Aufstieg so dringend benötigt wird.

Die wichtigsten Vertreter dieses Strahls sind Erzengel Zadkiel, Elohim Arkturus und der Aufgestiegene Meister Saint Germain (Chohan). Die Farbe des Strahls ist violett.

Bevor ihr mit dieser Lektion beginnt, wird empfohlen, das Bild von Meister Saint Germain zu betrachten und um das angesammelte Momentum seiner Meisterschaft über Energie und Schwingung zu bitten.

DER SIEBTE STRAHL

Der Siebte Strahl dient dazu, die Menschheit in der rhythmischen Tätigkeit des ANRUFENS und AUFRECHTERHALTENS der Kraft der Umwandelnden Violetten Flamme zu unterrichten. Durch Verwendung dieser Flamme lernen die Schüler, die Fehler der Vergangenheit wiedergutzumachen, und sie werden angeregt, die Reinheit, die reinigende Eigenschaft und die Lebenskraft dieser Violetten Flamme zu manifestieren.

Der Siebte Strahl ist der Strahl der Umwandlung und magnetischen Anziehung, denn in der schlagenden Flamme in euren Herzen liegt die Kraft, Lebensenergie, auch als Lebensursubstanz bezeichnet, magnetisch anzuziehen. Die Energie, die ihr anzieht, wird zu eurer; ihr könnt sie beeigenschaften und durch sie Gutes oder Schlechtes ins Universum leiten. Ihr beeigenschaftet sie durch eure Gedanken, Gefühle, gesprochenen Worte und Handlungen; und diese Energie, die sich in einem unwiderruflichen Kreis bewegt, fließt hinaus und dann zurück zum Ursprung – zu EUCH – zum Segen oder zur Wiedergutmachung. Jeder von euch nahm diese Lebensursubstanz und drückte ihr einen eigenen Stempel auf, und diese beeigenschaftete Lebenssubstanz, falls sie zu euch als disharmonisch bewertete Energie zurückkommt, ist das Karma eurer verschiedenen Begrenzungen und Leiden. Alle derartigen Unvollkommenheiten können durch den Gebrauch der VIOLETTEN FLAMME DER FREIHEITSLIEBE umgewandelt werden.

Was ist die URSACHE von FREIHEIT? Gott ist die URSACHE! Der göttliche Anteil in jedem Menschen trägt in sich die Erkenntnis, daß FREIHEIT und GOTTESFÜRCHTIGKEIT eins sind. Der göttliche Erlaß bezüglich des Lebens ist Ausdehnung, Entwicklung, Vollkommenheit – alle diese Qualitäten brauchen FREIHEIT, um sich zu manifestieren. Fortschritt oder geistige Entwicklung sind ohne FREIHEIT nicht möglich. FREIHEIT IST GOTT IN AKTION. Es ist der göttliche Plan, daß alles Leben (Menschen, Engel, Elementarwesen) FREIHEIT ausdrücken soll. Das VIOLETTE FEUER DER GNADE UND DER BARMHERZIGKEIT ist das „göttliche Werkzeug", um dies zu vollbringen, und Saint Germain fordert uns auf, dieses VIOLETTE FEUER KRAFTVOLL einzusetzen und sich selbst zu BEFREIEN, und dann mit dem Gebrauch dieses Heiligen Feuers zum Segen allen Lebens fortzufahren.

Die ursprünglich von der „Bridge to Freedom" veröffentlichten Unterweisungen (und nun wieder veröffentlicht von der Ascended Master Teaching Foundation) vermitteln die Lehren der Aufgestiegenen Meister sowie das Verständnis, wie das Heilige Feuer eingesetzt werden kann, um dem Geist, den Gefühlen, den Erinnerungen und dem physischen Körper Freiheit zu bringen. WENN DIE VIER NIEDEREN KÖRPER GEREINIGT UND HARMONISIERT SIND, SO DASS SIE WAHRLICH „FREI" SIND, UND WENN DER SCHÜLER IN AUSREICHENDEM MASSE SELBSTLOSEN DIENST LEISTET, DANN IST ER IN DER LAGE, AM ENDE DER VERKÖRPERUNG EIN AUFGESTIEGENER MEISTER ZU WERDEN.

SAINT GERMAIN, CHOHAN DES SIEBTEN STRAHLS

Jenes große Wesen, das wir als Saint Germain kennen und verehren, machte seinen Aufstieg 1684. Viele Jahrhunderte hindurch hat er daran gearbeitet, den Menschen Freiheit zu bringen. Er verkörperte sich immer wieder und bemühte sich, den Wunsch nach Freiheit welcher zum Aufstieg führt, in den Menschen verschiedener Länder der Welt zu erwecken.

Vor langer Zeit diente Saint Germain als Priester im Tempel der Umwandlung durch das Violette Feuer (nun im ätherischen Bereich in der Nähe von Kuba gelegen). Später war er als König einer großen Zivilisation im Gebiet der heutigen Wüste Sahara verkörpert. Saint Germain war außerdem als Prophet Samuel, Joseph (der Vater von Jesus),

Saint Alban, der griechische Philosoph Proclus, Merlin der Magier, Roger Bacon, Christian Rosenkreutz (der Begründer des „Rosenkreutzerordens"), Christopher Columbus und schließlich als Francis Bacon inkarniert.

Der Meister Saint Germain erschien erneut in Europa während der Zeit von 1710 bis 1822. Er trat in seinem sichtbaren, materiellen Körper in verschiedenen Ländern unter verschiedenen Namen auf. Er hielt engen Kontakt zu einflußreichen Leuten in diesen Ländern. Er war bekannt als der Comte de Saint Germain in Frankreich, als Wundermann in Deutschland, als Comte Bellamarre in Venedig, als Prinz Rakoczy in Dresden und unter anderen Namen an verschiedenen anderen Orten. Man nahm von ihm an, er sei sehr wohlhabend, wobei keiner erklären konnte, woher sein Reichtum kam.

Kaum jemand wußte, daß Saint Germain bereits zu dieser Zeit ein Aufgestiegenes Wesen war, was erklärt, weshalb er so leicht derart übermenschliche Leistungen vollbringen konnte und warum er keine Nahrung zu sich nahm. Als Aufgestiegener war er ein absoluter Meister über die Materie. Er konnte an mehreren Orten gleichzeitig sein und war von Transportmitteln der äußeren Welt unabhängig. Er besaß die Fähigkeit, Juwelen, Schmuck und dergleichen nach Belieben zu präzipitieren. Saint Germain tat dies, um mit einflußreichen Leuten in Kontakt zu kommen. Durch Zurschaustellen von materiellem Reichtum konnte er die Leute mehr beeindrucken als durch irgendetwas anderes.

Von dem Jahr 1930 an gebrauchte Saint Germain einen neuen Zugangsweg. Seine Unterweisungen basieren nun auf einfacher Sprache, Logik und „gesundem Menschenverstand. Hinzu kommt, daß die Meister ihre Strahlung einsetzen, um die Schüler von der Wahrheit ihrer Botschaft zu überzeugen.

Saint Germain hat Retreats in Transsilvanien und Amerika (die Höhle der Symbole). Er besitzt außerdem Brennpunkte in der ätherischen Stadt über der Sahara und am Mount Shasta. Sein Zwillingsstrahl ist Portia, die Göttin der Gerechtigkeit. Sein elektronisches Muster ist das Malteser Kreuz. Saint Germains Erkennungsmelodie ist in den Straußwalzern enthalten.

ANSPRACHE VON SAINT GERMAIN

Denkt an diejenigen von uns, die ihre Freiheit und den Sieg alleine errungen haben – über Jahrhunderte – die geheime Höhlen fanden, Plätze, an denen wir uns verstecken konnten, die mit ein paar wenigen mutigen Seelen, wie wir selbst, versuchten, mit der Aufgestiegenen Schar des Lichts in Kontakt zu treten. Wir wollten ihre Unterweisungen erhalten, um dann mit magnetischer Anziehung, Anrufung und der Leitung der Lichtstrahlen zu experimentieren. Es gab keinen, der uns hätte sagen können, ob wir auf dem richtigen Weg waren. Nichts außer der Flamme in unserem Herzen führte uns. Wenn wir jedoch negativen Einflüssen erlaubt hätten, uns zu ängstigen, würden wir immer noch in der breiten orthodoxen Menschenmasse verweilen. Ich sage euch ganz offen, wenn Ihr erfolgreich sein wollt, MÜSST IHR

POSITIV GESTIMMT, ENTSCHLOSSEN UND VOLLER VERTRAUEN in euch selbst sein. In der Stille eures eigenen Zimmers müßt ihr euch selbst an die Hand nehmen und ZUALLERERST ENTSCHEIDEN, OB IHR MIT DEN AUFGESTIEGENEN ZUSAMMENARBEITEN WOLLT ODER NICHT! Wenn ihr ein Nein fühlt, dann müßt ihr auf eine andere Gelegenheit warten, zu späterer Zeit. Ihr müßt alles abwägen, was wir euch gemäß dem Kodex der Wahrheit, gemäß dem Kodex des Gleichgewichts, der Reinheit, der Weisheit und der Liebe gegeben haben. Wenn ihr euch dann entschieden habt, STEHT FEST ZU DIESER ENTSCHEIDUNG UND BEWEGT EUCH VORWÄRTS IN RICHTUNG AUF DAS LICHT DER FREIHEIT!

Die größte Chance in der Welt ist, DIE VIOLETTE FLAMME DER UMWANDLUNG ZU GEBRAUCHEN und UNBEWEGT, ZENTRIERT UND IM GLEICHGEWICHT IN EURER EIGENEN GOTTESFLAMME zu stehen.

Die göttliche Alchemie des VIOLETTEN FEUERS ist eine wirkliche Wissenschaft, wie es jede Wissenschaft der Elektronik in der heutigen äußeren Welt ist. Es handelt sich nicht um etwas, das per Zufall funktioniert. Ihr lebt in einem Zeitalter des Experimentierens und seid nun in der gleichen Situation wie ich in jenen Verkörperungen vor meinem Aufstieg, als auch ich mit verschiedenen Kombinationen von Gedanken, Gefühlen und gesprochenen Worten in Anrufungen experimentierte. Ihr lebt in einer Zeit der Veränderungen – Veränderungen in euren persönlichen Leben, in der Welt, und in einigen wenigen Jahren werdet ihr euch auch in einer Zeit der planetarischen Veränderungen befinden.

Diese Zeiten der „Weltveränderung" verursachen Gefühle der Unruhe in den Gefühls- und Gedankenkörpern der Menschheit und auch eine ganze Menge Angst in den physischen Körpern.

WÄHREND DER KOMMENDEN WELTVERÄNDERUNGEN werden wir sonderbare Zeiten erleben, in denen viele Menschen Leid erleben werden. Sie werden eure Anrufungen brauchen, die die umwandelnden Kräfte des Violetten Feuers in Aktion versetzen!

Begrenzt nicht die Macht eurer I AM Gegenwart, meine Lieben! Macht euch vertraut mit dieser wundervollen Gegenwart – wundervoll wegen ihrer allumfassenden Kraft und ihrer Bereitschaft, zu allen Zeiten für euch und durch euch zu wirken. Ihr persönlich könnt nicht die gesamte menschliche Rasse retten – die 3 1/2 Milliarden, die gerade verkörpert sind [1953], neben den Milliarden, die auf eine neue Verkörperung warten, ABER EURE I AM GEGENWART KANN ES!

Eure Gegenwart und meine sind in keiner Weise begrenzt! Eure Gegenwart ist ALLWISSEND und IST FÄHIG, SOFORT AUS SICH SELBST HERAUS EINE MILLIARDE STRAHLEN DES TRANSZENDENTEN, LEUCHTENDEN LICHTS AUF JEGLICHE HILFSBEDÜRFTIGE PERSON, SITUATION ODER ORT ZU LEITEN.

Wir sind am Anfang eines Neuen Zeitalters, in dem ich, durch die Liebenswürdigkeit und Güte des Lebens, der Chohan bin, und ich werde euch im religiösen Dienst beistehen, der sich im Gottesdienst der nächsten Zweitausendjahr-Periode manifestieren wird. Dies ist die Tätigkeit des VIOLETTEN

STRAHLES, die Aktivität des Zeremoniellen Dienstes und Rituals, die Aktion, bei der Menschen, Engel und Elementarwesen wieder bewußt zusammenarbeiten. Sie werden zusammen in Zeremonien beten, wie ihr es euch noch gar nicht vorstellen könnt.

Eines Tages vor meinem Aufstieg, während ich in tiefer Versunkenheit über die Gegenwart und ihr Violettes Feuer der Gnade, Vergebung und Umwandlung nachdachte, öffnete sich mein innerer Blick, und ich hatte ein flüchtiges Bild eines Bauern vor Augen, der durch ein Feld ging und Saat ausbrachte. Dieser Mann hatte ein schweres Herz und sein Kopf war gebeugt. Plötzlich sah ich einen Lichtstrahl von meiner Gegenwart ausgehen, der das Violette Feuer enthielt. Es loderte um diese Person und wandelte sofort die URSACHE seines Leides um; für diese Ursache war ich irgendwann einmal verantwortlich gewesen. So wurde die Schuld bezahlt, die ich diesem Lebensstrom schuldete. Dann erhob er seinen Kopf, frei von der Last und lief lachend zum Haus. Dieser Mensch erfuhr niemals, woher die Erleichterung kam. Ich kannte nicht einmal den Namen des Mannes, aber ich wußte, daß die Last von ihm genommen war und daß zumindest etwas von meiner karmischen Schuld abgetragen war. Es wird interessant sein zu sehen, ob ihr diese Fähigkeit entwickeln wollt!

Ich möchte euch danken, daß ihr euch so freiwillig und vollständig der Sache der Freiheit hingebt, daß ihr eure Energien in diese Freiheit durch die Jahrhunderte hindurch investiert habt – nicht nur in dieser Verkörperung, sondern ihr habt euch in fast jeder Ära und jedem Zeitalter, in dem ihr gelebt habt, um die Fahne der Freiheit gesammelt. Jetzt, da wir die Tür zu einem Neuen Tag durchschreiten, werde ich mich an diejenigen unter euch erinnern, die mir beistanden, und ihr werdet ein Teil jener spirituellen Gemeinde sein, die ewig lebt.

Musikalisches Zwischenspiel

Während die Aufmerksamkeit auf dem geliebten Saint Germain ruht, spiele den „Kaiserwalzer." (Die Walzer von Strauß enthalten die Erkennungsmelodie des geliebten Saint Germain).

DER ERZENGEL ZADKIEL

Der geliebte Zadkiel ist der Erzengel, der für das Violette Feuer der ANRUFUNG und UMWANDLUNG verantwortlich ist. Dieses Wissen befähigt EUCH und alle, die es möchten, dieses geheiligte Feuer in eurer Sein und eure Welt zu rufen, so daß die unvollkommenen Energien, welche die URSACHE für alle Leiden jetzt und in der Zukunft sind, in schmerzloser Weise UMGEWANDELT werden durch die Liebe, die in dieser Violetten Flamme wohnt, statt daß man unnötige Schmerzen und Leiden erfahren muß.

FÜRCHTET NICHT dieses Violette Feuer, denn es erlöst und wandelt nur die Energien um, die durch Gedanken, Gefühle, Worte oder Handlungen falsch beeigenschaftet worden sind. Wenn es gewissenhaft verwendet wird, schafft es Lebenskraft und Leichtigkeit, denn die Anhäufungen eurer mißqualifizierten Energien sind tatsächliche GEWICHTE und DRUCK, die auf euch lasten. Einmal müssen diese Schöpfungen des menschlichen Geistes aufgelöst und in Vollkommenheit umgewandelt werden.

DIE ZWILLINGSFLAMME VON ERZENGEL ZADKIEL IST BEKANNT ALS DIE HEILIGE AMETHYST; WENN DU DIE BEIDEN ANRUFST, AUF DASS DAS VIOLETTE FEUER DURCH JEDEN TEIL DEINES DASEINS UND DEINER WELT HINDURCHFEGE, WERDEN IHRE ENGEL DES VIOLETTEN FEUERS SOFORT IN AKTION TRETEN, UM DEINEN RUF ZU BEANTWORTEN.

Kein Mensch kann die Fülle der Gottes-Vollkommenheit in der physischen Welt erfahren, bevor alle mißbräuchliche

Verwendung der Lebensenergie durch eure Gedanken, eure Gefühle, eure Taten und eure Erinnerungen restlos beseitigt worden sind. Ihr könnt euch tatsächlich glücklich schätzen, daß ihr von diesem Violetten Feuer wißt, welches das göttliche Werkzeug ist, das am schnellsten diesen Dienst leisten kann. Es wird nicht von allein in Aktion treten, es ist also euer ernsthafter und aufrichtiger Anruf an den Aufgestiegenen Meister Saint Germain, den Erzengel Zadkiel, die geliebte Amethyst und die Engel des Violetten Feuers erforderlich. JE MEHR IHR EUCH DIESES DURCH EUCH HINDURCHFEGENDEN VIOLETTEN FEUERS BEWUSST SEID, DESTO SCHNELLER SEID IHR BEFREIT.

Der herrliche ätherische Tempel von Lord Zadkiel und der heiligen Amethyst liegt über der Insel Kuba. Er war einst ein mächtiger Brennpunkt auf jener Landoberfläche und eines Tages wird er es wieder sein, ein Ort, an den die Menschen kommen können, um durch das Baden in der Strahlung des Violetten Feuers sofort befreit zu werden.

ANSPRACHE VON ERZENGEL ZADKIEL

Mein Dienst besteht im Behüten und Beaufsichtigen der Kräfte der Anrufung (Invokation). Ich diene auf dem Siebten Strahl.

Alle 2000 Jahre arbeiteten ein mächtiger Erzengel und ein großer Chohan zusammen, um allen Menschen Beistand zu leisten und sie zu einem vervollkommneten Zustand zu entwickeln. Ihr könnt daher erkennen, wie sehr die Menschheit im Plan zurückliegt – da dieses Kosmische Rad sich so oft gedreht hat, daß die Zahl für seine Umdrehungen unfaßbar hoch ist. Mein Dienst war und ist auch heute noch die entwickelten Schüler zu unterrichten, wie sie das Heilige Feuer heranziehen und beeigenschaften können und wie sie Priester und Priesterinnen dieses Zadkiel-Ordens werden können.

Zyklus für Zyklus ist vergangen, Umdrehung über Umdrehung des Rades hat stattgefunden, jedoch wurde die „Blüte", welche die Menschheit zeigen hätte sollen, nicht offenkundig. Sanat Kumara hat sie ersetzt, er ist diese Blüte gewesen, die „Blume", das „Parfüm" und das Licht für die gesamte Rasse – mit wenigen Ausnahmen, nämlich jene, die den Sieg des Aufstiegs erreicht hatten.

Nun kommen wir abermals zum Ende eines dieser Zyklen – des kleinen und des großen – und der Siebte Strahl soll wieder für ungefähr 2000 Jahre über den Planeten Erde streichen. Das Kosmische Gesetz hat verkündet, daß es der LETZTE Zyklus ist. Es ist die letzte „warme Frühlingssonne", die das Leben aus den Knospen und schlummernden Samen hervorbringen muß. Es ist mit diesem Ziel vor Augen, daß wir alle das Momentum unseres Lichtes und unserer Flammen ausströmen und den Wunsch hegen, auch die Mithilfe von jenen unter euch, die sich bereits im Schlaf regen, zu sichern.

Es ist besser, die Violette Flamme nur kurze Zeit, dafür aber jeden Tag in RHYTHMISCHER AKTION, herbeizurufen. Nehmt euch jeden Tag ein wenig Zeit, in der ihr ungestört seid – morgens, mittags und abends – um diese Flamme anzurufen. Bittet darum, daß sie durch euch und um euch herum lodere und sich in eure Welt hinaus ausbreite.

Laßt diese Violette Flamme in euren physischen, Äther-, Gedanken- und Gefühlskörper und um euch herum lodern, besonders in eurer Gehirnstruktur und Gefühlswelt, und befehlt ihr, die harten und unverzeihlichen Gefühle umzuwandeln. Diese „harten" Gefühle sind die Ursachen und Kerne der meisten eurer Leiden. Laßt sie ersetzen durch dankbare, erfreuliche, harmonische Gefühle, die eure Welt für die Güte Gottes öffnen und euch zu einem mächtigen Magnet für das Gute machen, das Gott euch zugedacht hat.

Musikalisches Zwischenspiel

Während die Aufmerksamkeit der Gruppe auf dem geliebten Erzengel Zadkiel ruht, spiele die Melodie „The Blue Danube", die die Erkennungsmelodie des Retreats des geliebten Zadkiel enthält.

ANSPRACHE DER HEILIGEN AMETHYST

Meine Lieben, LEBEN IN LIEBE ZU BEFREIEN ist der größte Dienst, den es gibt in diesem Universum, und das ist mein Daseinsgrund – die GNADE eures Vater-Mutter-Gottes zu verkörpern, die keinem Bösen erlaubt, von Dauer zu sein. Bedenkt diese Gnade – kein Wort, kein Gedanke, kein Gefühl und keine Tat, die ihr jemals ausgesendet habt, die weniger als Gottes Schönheit und Vollkommenheit waren, werden jemals dauerhaft in euren eigenen Welten oder auf diesem Planeten gespeichert bleiben! Bedenkt die Gnade des Lebens, die es mir erlaubt – und die es euch erlaubt – das gnadenvolle Violette Feuer zu verwenden, um die Eigenschaft von gefangenem Leben [d.h. unharmonische Energie] in harmonische und glückliche Schwingungen umzuwandeln. Immer wenn ihr Unvollkommenheit wahrnehmt, entwickelt keine Abneigung dagegen, sondern FÜHLT MIT MIR DIE FREUDE, die darin liegt, selbstlos bereits göttlich beeigenschaftete Energie herbeizurufen, auf daß sie diese Person, den Ort, die Situation oder den Gegenstand erfülle, und bittet jenes intelligente Violette Feuer, die Eigenschaft der Energie in eine harmonische, wundervolle und fröhliche Eigenschaft umzuwandeln.

Ich bitte darum, daß das Aufgestiegene-Meister-Gefühl der Lebenskraft, das in dem Violetten Feuer liegt, mit euch sein möge, und daß euer Heiliges Christus-Selbst euch damit ERFÜLLEN möge, um somit alle Niedergedrücktheit und alles, was weniger ist als die HARMONIE und GLÜCKSELIGKEIT der Aufgestiegenen Meister, aufzulösen.

DER ELOHIM ARKTURUS

Der mächtige Arkturus ist der ELOHIM des Violetten Feuers der Gnade und des Mitgefühls, der Anrufung, des Rhythmus und der Freiheit; er arbeitet auf dem Siebten Strahl. Dies ist die Flamme, die tatsächlich die Schwingung der Elektronen erhöht, die die Substanz und Form eines jeden erschaffenen Gegenstandes ausmachen. Er ist einer der Elohim, die geholfen haben, den Planeten Erde zu erschaffen. Seine Göttliche Ergänzung ist bekannt als die geliebte Diana.

ANSPRACHE VON ELOHIM ARKTURUS

Ich bin der Elohim der ANRUFUNG und des RHYTHMUS, der euch und allem Leben durch den Gebrauch des Violetten Feuers grenzenlose FREIHEIT bringt, wenn ihr es stark genug wollt! Ich schaue beständig vom interstellaren Raum aus auf alle Planeten, die zu diesem Sternensystem gehören, nach solchen Herzen, die FREIHEIT ersehnen – Befreiung von Krankheit, Begrenzung und Leid. Und wo werdet ihr die Freiheit finden? Sie wird aus der MITTE EURES EIGENEN LEBENS kommen!

Zu Beginn eurer Entstehung erschuf Gott eure göttliche, sich seiner selbst bewußte Intelligenz, euer eigenes, individuelles „I AM", ein Wesen des Weißen Feuers, aus der Universalen Urquelle, mit der Fähigkeit, jede erdenkliche Gottesgabe, die ihr benötigt, um Vollkommenheit zu manifestieren, aus der Quelle des Lebens zu präzipitieren. In der

Flamme in eurem Herzen findet ihr alles und jedes, das ihr braucht! Ich bitte euch, EUER LEBEN und die Qualitäten, die darin enthalten sind, ZU ENTWICKELN. Aus derselben Lebens-Ursubstanz und demselben Licht erschufen wir den Planeten, auf dem ihr gerade lebt, wie auch alle anderen Planeten in diesem System.

Ruft alles, was ihr wünscht, herbei aus dem Herzen dieses Lebens, das aus der Universalen Quelle fließt, und ruft mich an – Arkturus – wenn ihr wünscht, daß Energien, Qualitäten, Gaben und Handlungen jeglicher Art, die vonnöten sind, um in eurer eigenen Welt und der eurer Mitmenschen Vollkommenheit zu schaffen. Wo auch immer ein Lebensstrom ist, der aufrichtig FREIHEIT begehrt, und sie in konstantem RHYTHMUS anruft und fordert, da werde ich zur Stelle sein, um ihm zu helfen, bis diese FREIHEIT Wirklichkeit geworden ist.

Wenn ihr bei eurer persönlichen Praxis einen RHYTHMUS beachtet und eure persönlichen Anrufungen JEDEN TAG ZUM SELBEN ZEITPUNKT durchführt, zieht ihr eine sehr viel konzentriertere Kraft an.

DIE SIEBEN SCHRITTE ZUR PRÄZIPITATION
Von Elohim Arkturus

Erstens – DER WILLE ZUR TAT (ENTSCHEIDUNG) des mächtigen Herkules ist der erste Schritt. Nichts kann jemals hier oder irgendwo anders durchgeführt werden, bevor nicht der Betreffende sich entscheidet, etwas tun.

Zweitens – Dann kommt die Eigenschaft von Cassiopea mit seiner Kraft der ERKENNTNIS (ERLEUCHTUNG) hinzu; er zeigt einem das Vollkommene, das es zu tun gibt, und vermittelt ein klares Bild von dem Muster und Entwurf dessen, was präzipitiert werden soll.

Drittens – Nun kommt die LIEBE des mächtigen Orion, die ständig das ursprüngliche Muster und die Vision der Vollkommenheit aufrecht erhält und Gefühle der göttlichen Liebe und des Lichtes hineinbringt, bis die vollständige Manifestation erscheint.

Viertens – Dann kommt die REINHEIT des geliebten Claire (Elohim der Reinheit), die das vollkommene Muster unverändert hält, die Reinheit des ursprünglichen Entwurfs aufrecht erhält und dem Geist nicht erlaubt, von einem Entwurf zum anderen zu springen.

Fünftens – Als nächstes kommt die Eigenschaft von Vista (KONZENTRATION und HINGABE), die Kraft (Ausdauer), bei diesem einen Muster und dieser einen Idee zu BLEIBEN, bis sie Form geworden ist.

Sechstens – Da unser geliebter Bruder, der Elohim des Friedens, auf dem Sechsten Strahl dient, müßten eigentlich seine Arbeiten als nächstes kommen. Obwohl ich, Arkturus, auf dem Siebten Strahl diene, folgt bei der Aktivität der Präzipitation meine Eigenschaft der RHYTHMISCHEN ANRUFUNG bereits jetzt und steht somit an sechster Stelle.

Siebtens – Hier wird die gesamte Manifestation mit dem Gefühl des GOTTESFRIEDENS durch den Elohim des Friedens versiegelt. Insoweit es die Kraft der Präzipitation betrifft, sind die Aktivitäten unserer beiden Strahlen in der Reihenfolge vertauscht.

Mein spezieller Beitrag zu der Schaffung einer Form ist der Vorgang der RHYTHMISCHEN ANRUFUNG, das beständige Nähren der gewünschten Form, die mit Lebensenergie ausgestaltet werden soll, bis sie nicht nur im Physischen manifestiert, sondern auch symmetrisch vollkommen ist. Die Beständigkeit des RHYTHMUS verleiht der zu manifestierenden Form ihre Symmetrie. RHYTHMUS UND BESTÄNDIGKEIT DER ANRUFUNG SIND ABSOLUT ERFORDERLICH, UM DIE ÄUSSERE MANIFESTATION EURES ANGESTREBTEN WUNSCHES ZU VOLLBRINGEN.

Wenn ihr die Natur beobachtet, werdet ihr leicht den absoluten RHYTHMUS erkennen, mit der alle Schöpfungen stattfinden – Sonnen Auf- und Untergang, das Kommen und Gehen der Gezeiten, die wiederkehrenden Jahreszeiten – alles in absolutem und perfektem RHYTHMUS.

Die Menschheit schenkt dem RHYTHMUS dessen, was zu körperlichem Wohlergehen führt, ziemlich regelmäßige Beachtung, doch bei der wichtigsten aller ihrer Handlungen – der spirituellen – wird der RHYTHMUS durchweg vergessen. Das Wissen von der Beständigkeit im Beten und Anrufen wird selten erkannt; doch bevor eine sichtbare Flamme aus den inneren Reichen präzipitiert werden kann, bedarf es einer geweihten, bewußt sich hingebenden, verpflichteten Gruppe von Personen, die – rhythmisch – durch Gebete und Anrufungen jenes mächtige Konzentrat präzipitiert, aus dem heraus die Flamme in die Sichtbarkeit hervorstrahlen wird.

Wenn ihr einen bestimmten RHYTHMUS in euren individuellen Anrufungen, jeden Tag zur selben Stunde, einhaltet, werdet ihr eine viel konzentriertere Kraft und schnellere Vollendung erleben, als wenn ihr eure Anrufungen auf die freien Stunden, die euch ein Tag gewährt, legt. Wenn ihr denselben RHYTHMUS in euren Arbeitsstunden, eurer Schlafenszeit, eurer Erholungszeit einhaltet – jene SYMMETRIE, die euch die Natur vorgegeben hat: 8 Stunden zum Dienen, 8 Stunden zum Schlafen, 8 Stunden zur Erholung – werdet ihr größere Harmonie in euren Gefühlen und bessere körperliche Gesundheit erreichen, und ihr werdet fähig sein, ein höheres Maß an Vollkommenheit hervorzubringen.

Allein eurer eigenes „Aufgeben", das Fallenlassen eures Projekts, bevor es vollkommen ist, kann eure mögliche Präzipitation verhindern. Wenn einmal der RHYTHMUS etabliert ist, müßt ihr BEI EUREM ENTWURF BLEIBEN, bis die erforderliche Energie hineinfließt – in RHYTHMISCHEM FLUSS!

Hätten wir unsere Tätigkeit auch nur EINE STUNDE vor Fertigstellung der Erde abgebrochen, wäre all unsere Arbeit über diese lange Zeit umsonst gewesen. Hätten wir unseren RHYTHMUS unterbrochen, so hätte der Planet begonnen zu zerfallen und wäre in den Zustand der Formlosigkeit zurückgekehrt. Wir fuhren RHYTHMUS um RHYTHMUS fort, bis die Arbeit ABGESCHLOSSEN war und die Erde begann, sich um ihre eigene Achse zu drehen, und wir die Worte vernahmen: „Es ist vollbracht!"

Laßt uns nochmals diese „SIEBEN SCHRITTE DER PRÄZIPITATION" betrachten:

Erstens: Es muß euer WILLE (**Entscheidung**) da sein, die Präzipitation haben zu wollen.

Zweitens: Ihr müßt eine VORSTELLUNG (**Erleuchtung**) von dem haben, was ihr herbeiführen möchtet.

Drittens: Ihr müßt **Liebe** empfinden während eurer Schöpfung.

Viertens: Es bedarf der **Reinheit** eures Bewußtseins, um euer Muster vor jeglicher Unvollkommenheit oder Veränderung zu bewahren.

Fünftens: Es bedarf der **Konzentration** auf euren ursprünglichen Entwurf.

Sechstens: (Siebter Strahl). Es muß ein **Rhythmus** in der Praxis der Anrufung und stillen geistigen Gedankenkraft vorhanden sein.

Siebtens: Euer Gefühl von **Göttlichem Frieden** muß es umschließen, um seine Vollkommenheit zu schützen und zu bewahren. Ruft den Elohim des Friedens an, damit er das von euch Erschaffene in seiner Flamme des kosmischen CHRISTUS-FRIEDENS versiegelt, so daß es vor Zerstörung bis zu der Zeit geschützt bleibt, da es den Dienst verrichtet hat, zu dem es geschaffen wurde.

DURCH DAS BEFOLGEN DIESER SCHRITTE DER MATHEMATISCHEN WISSENSCHAFT DER PRÄZIPITATION WERDET IHR RESULTATE ZEITIGEN UND MEISTERSCHAFT ERREICHEN.

GRUPPENANRUFUNG (Die Gruppe steht)

Geliebte mächtige siegreiche I AM Gegenwart, geliebter Aufgestiegener Meister Saint Germain und alle aufgestiegene Wesen, die auf dem Siebten Strahls dienen.

Laßt eure mächtige VIOLETTE UMWANDELNDE FLAMME, die reinigende Kraft der göttlichen Liebe, durch mich und um mich herum in seiner kraftvollsten Aktivität LODERN, LODERN, LODERN! WANDELT UM die Ursache, Wirkung, Erinnerung und Aufzeichnung aller menschlichen Vorstellungen, Wünsche und Gefühle in meinem Wesen und meiner Welt sowie jeden Fehler, für den ich verantwortlich bin. Ersetzt sie durch die Aufgestiegene-Meister-Substanz der göttlichen Liebe, Reinheit und Vollkommenheit, und haltet euren Einfluß in mir und meiner Welt für immer aufrecht!

Laßt die Violette Flamme durch alle meine niederen Körper einschließlich durch jedes Organ und jede Zelle meines physischen Körpers LODERN, LODERN, LODERN! Laßt diese Flamme wirken, bis jede Erscheinung von Unvollkommenheit aufgelöst und der Sieg meines göttlichen Planes gesichert ist.

VISUALISATION

a) Spielt einen Straußwalzer und richtet dann eure Aufmerksamkeit auf Erzengel Zadkiel, Elohim Arkturus und den Aufgestiegenen Meister Saint Germain sowie die Schutzengel, die Engel des barmherzigen Dienens und die Engel der Zeremonie, die uns in diesem Treffen geholfen haben.

b) Sendet ihnen eure Liebe und euren Dank für ihren Dienst.

c) Fühlt euch von einer Säule der Umwandelnden Violetten Flamme umgeben.

d) Dehnt diese Flamme aus, so daß sie eure Stadt, euer Land, ganz Europa und den gesamten Erdball umhüllt.

SEGENSSPRUCH

Gruppenleiter: Eingehüllt in einer mächtigen Säule der Violetten Flamme der Umwandlung aus den Herzen des geliebten Erzengels Zadkiel, des Elohim Arkturus und des Aufgestiegenen Meisters Saint Germain, danken wir den Aufgestiegenen Heerscharen des Lichtes für das beständige Ausströmen von Liebe, Weisheit und Kraft.

Wir danken den geliebten Erzengeln Michael und Uriel und den Engeln des Schutzes, des barmherzigen Dienstes und der Zeremonie, die uns bei diesem Treffen unterstützt haben. Nehmt unsere Energie auf und vervielfacht sie durch eure mächtige Liebe. Leitet sie nach Norden, Süden, Osten und Westen und umhüllt den ganzen Erdball in der ausgeströmten Umwandelnden Violetten Flamme.

(Kurze Pause)

Möge der Segen und die Liebe des Allmächtigen Gottes und der Friede, der höher ist als alle Vernunft, mit jedem Einzelnen von euch sein. Möge das Licht der Gnade und Barmherzigkeit Gottes euch beschützen und auf eurem geistigen Pfade führen, hin zur Erleuchtung und zu ewiger Freiheit.

(Kurze Pause. Der Gruppenleiter sendet gedanklich die gesammelte Energie zum Kraftfeld über dem Ort des Treffens. Dann löscht er die Kerzen, beginnend mit der rosa Kerze, anschließend die gelbe und blaue.)

Spielt passende Musik um die Schwingung aufrecht zu erhalten.

BÜCHERFOLGE : DIE LEHREN DER AUFGESTIEGENEN MEISTER

In bezug auf die Veröffentlichungen der "Bridge to Freedom" sagte der Erzengel Uriel am 16. Mai, 1954: "Das Alte- und Neue Testament wird jetzt neu geschrieben. DIE NEUE BIBEL BESTEHT AUS DEN ENERGIEN DER ERZENGEL, DER KOSMISCHEN WESEN UND DER AUFGESTIEGENEN MEISTER UND SIE WIRD FÜR ALLE ZUKÜNFTIGEN ZIVILISATIONEN DER ERDE GÜLTIG SEIN."

Alle Publikationen dieser Bücherfolge, mit Ausnahme von Band 5, beruhen auf Durchsagen durch die autorisierte Sendbotin der Großen Weißen Bruderschaft, Frl. Geraldine Innocente. Sie ist die Zwillingsflamme des Meisters El Morya. Diese Durchsagen wurden vom Karmischen Rat in einer besonderen Dispensation genehmigt.

Band 1: **Memoiren der Geliebten Mutter Maria, der Mutter Jesu.** In diesem Buch sind mehrere Ansprachen der Geliebten Maria aufgezeichnet, die detaillierte Darstellungen aus ihrer letzten Verkörperung mit Jesus beinhalten. Viele davon sind in der Bibel nicht angeführt, wie etwa Begebenheiten aus den Jugendjahren von Jesus, seine Wanderung nach Indien und Einzelheiten seines Aufstiegs. Der Leser erfährt Details über Marias Reise nach Europa und wie sie dabei Fatima, Lourdes und Glastonbury besuchte. 176 Seiten.

Band 2: **Die Sieben Geliebten Erzengel Sprechen**. Dieses Buch enthält persönliche Ansprachen der Sieben Großen Erzengel. Die meisten dieser geliebten Wesen gaben der Menschheit diese Belehrungen zum ersten Mal seit Jahrhunderten. Jeder der Erzengel strahlt eine der Eigenschaften der Gottheit aus, wie etwa Schutz, Erleuchtung oder Frieden. Den Schülern wird gezeigt, wie diese Tugenden zu verwenden sind, um ihre eigene Freiheit zu erlangen. Diese Durchgaben wurden noch nie auf Deutsch übersetzt. 128 Seiten.

Band 3: **Der Erste Strahl**. Diese Publikation enthält eine Reihe von Ansprachen des geliebten Aufgestiegenen Meisters El Morya, des Chohans des Ersten Strahles. Lichtschüler werden es begrüßen, mit den Gott-Tugenden des Ersten Strahles vertraut gemacht zu werden und die detaillierte Beschreibung lesen zu können, die aufzeigt, wie die Dispensation der "Bridge to Freedom" erlangt wurde und welchem Zweck diese neue Bestrebung dient. Am Ende dieses Buches spricht El Morya eine Einladung an den Schüler aus, sich seiner "Geistigen Karawane" anzuschließen. Diese Durchgaben wurden noch nie auf Deutsch übersetzt. 128 Seiten.

Band 4: **Der Siebte Strahl**. Dieses Buch enthält eine Reihe von Ansprachen des geliebten Aufgestiegenen Meisters Saint Germain, des Chohans des 7. Strahles. Es werden die Grundbedingungen für einen wirkungsvollen Lichtdienst vorgestellt, sowie die Verpflichtungen jedes einzelnen Gruppenmitgliedes und des Leiters der Gruppe aufgezeigt. Daher ist dieses Buch eine unentbehrliche Hilfe für jene, die sich mit der Gruppenarbeit im Neuen Zeitalter befassen. 128 Seiten.

Band 5: **Enthüllte Geheimnisse**, von Godfre Ray King (Mr. Ballard). Dieses Buch enthält den Bericht des Verfassers von seinen Begegnungen mit dem Aufgestiegenen Meister Saint Germain im Herbst 1930 auf Mount Shasta. Eine volle, ungekürzte Auflage dieses historischen Buches welches der Herald für das Neue Zeitalter ist. 176 Seiten

Band 6: **Die Herkunft, Frühgeschichte und Bestimmung des Menschen**, von Werner Schroeder. Von einem historischen und religiösen Aspekt geschrieben, beantwortet dieses Buch die Grundfragen des Lebens, z.B.: „Warum bin ich hier?" „Was ist mein Daseinszweck, wo gehe ich hin, gibt es Leben nach dem Tod und was ist es genau, das nach dem Tode geschieht?"

Dieses Buch ist auf den autorisierten Lehren der Großen Weißen Bruderschaft aufgebaut. Der Text fängt damit an, als der Mensch sich zum ersten Mal auf Erden verkörperte und er endet mit Geschehnissen, die für alle Menschen jetzt und in der Zukunft eine Auswirkung haben. Alles wird in chronologischer Folge geschrieben. Das Buch enthält Beschreibungen des „Gartens von Eden", das Gesamtalter der Menschheit, Ereignisse auf Lemuria, Atlantis und das noch nicht niedergeschriebene Leben von Jesus und Mutter Maria. Praktische Lösungen werden vorgeschlagen um die gegenwärtige planetarische Krise zu vermindern oder sogar aufzuheben. 256 Seiten.

Band 7: **21 Wichtige Lektionen**, In 3 Teilen. Eine Zusammenfassung des Kosmischen Gesetzes, welches den Lehren der Aufgestiegenen Meister zugrunde liegt und wie man den Aufstieg in dieser Verkörperung erlangen kann. Alles wird systematisch und in chronologischer Weise beschrieben. Dieses Buch ist besonders für solche Schüler geeignet, welche bereit sind, aktive Mitarbeiter zu werden, um den Plan der Meister für die Menschheit zu verwirklichen.
1. Teil—Grundbegriffe,160 Seiten
2. Teil—Die Gott-Eigenschaften der 7 Strahlen, 224 Seiten
3. Teil—Die Göttliche Hierarchie. Der Chela auf dem Pfad. Die Sieben Einweihungen. Der Vorgang des Aufstiegs. Wie man Naturkatastrophen verhindert. Gruppenaktivität. Selbstloser Dienst, das Gesetz des Lebens. 336 Seiten

Band 8,9: **Die Meister der Weisheit Sprechen, Teil 1 und 2**: Auszüge von Durchsagen der Aufgestiegenen Meister vom "Bridge to Freedom Journal" und "Privat-Bulletins von Thomas Printz," nach Themen geordnet. Jeder Teil hat 384 Seiten. Der Lichtschüler erfährt Details über die wirksamsten Wege, wie er sich auf ein Aufgestiegenes Wesen einstimmen und dessen besondere Strahlung erhalten kann.

Band 10: **Anrufungsbüchlein**. Anrufungen zum persönlichen Gebrauch und für den Gruppenlichtdienst, 48 Seiten.

Band 11: **Tägliche Meditationen und Anrufungen**. Jeder Tag der Woche ist der Ausstrahlung eines Elohim, eines Erzengels und eines Chohans geweiht. Dieses Büchlein enthält die Worte der Aufgestiegenen Wesen mit entsprechenden Meditationen und Anrufungen für jeden Tag. Es ist absichtlich in kleiner Form gehalten, damit es jeder bei sich tragen kann. 48 Seiten

Band 12: **Das Gesetz der Präzipitation.** Ein praktischer Wegweiser in die Theorie und Anwendung des Gesetzes der Präzipitation. Was verstehen wir unter Präzipitation? Wir meinen eine Manifestation unserer Wünsche und Sehnsüchte auf wundersame Weise, wie z.B. Gesundheit, Versorgung und Freundschaft. Viele Beispiele werden gegeben, sodaß auch der Schüler die Grundbegriffe der Lehre der Präzipitation lernen kann und diese im täglichen Leben zu seinem Nutzen und im Übereinstimmen mit seinem göttlichen Plan anwenden kann. 256 Seiten

Mitteilungen des Eremiten von F. Schmidt. Ein Meister schreibt über seinen Lebenslauf und seine Einweihungen in einem physischen Tempel der Großen Weißen Bruderschaft im Himalaya. 128 Seiten.

Kundgebungen des Eremiten von F. Schmidt. Die Fortsetzung der "Mitteilungen", vom Meister nach seinem Aufstieg in die Lichtsphären gegeben, 80 Seiten.

Es gibt auch AMTF Bücher in englischer, französischer und griechischer Sprache. Für eine Liste aller Veröffentlichungen, einschl. Preise, schreiben Sie bitte an AMTF, P.O. Box 466 Mt. Shasta, CA 96067, USA oder AMTF Verlag 20 Kulmitzweg, 95326 Kulmbach, Deutschland

Internet Adresse: www.ascendedmaster.org